COLLECTION SAINT-MICHEL

L'AMAZONE CHRÉTIENNE

OU LES

AVENTURES DE MADAME DE SAINT-BALMON

(LORRAINE)

Qui a joint une admirable dévotion et la pratique de toutes les vertus avec l'exercice des armes et de la guerre; ouvrage du Père JEAN-MARIE DE VERNON, Religieux Normand, du Tiers-Ordre de S. François, de la Province de S. Yves en France, contenant, outre l'Histoire de cette héroïne, une Relation, écrite par elle-même, de ce qu'elle a fait pour conserver la statue de Notre-Dame de Benoîtevaux.

NOUVELLE ÉDITION CONFORME AU TEXTE DE 1678

INTRODUCTION ET NOTES

PAR RENÉ MUFFAT

PARIS

E. DE SOYE, LIBRAIRE-ÉDITEUR

DÉPÔT : RUE DE MÉZIÈRES, 6.

—

1873

L'AMAZONE CHRÉTIENNE

OU LES

AVENTURES DE MADAME DE SAINT-BALMON

Paris. — E. de Soye et Fils, imp., pl. du Panthéon, 5

ALBERTE BARBE D'ERNECOVRT, DAME DE SAINT BALMONT, DE NEVVI„
LLE, DE GIBAVMEY, DE VAVX LE GRAND E LE PETIT E AGEE DE 36 ANS 1645

C'est Auecques Raison Qu'aux Sanglans Exercices
Ta Vertu Ne Craint Point Les Efforts de L'enfer

Puisque Ton Coeur Par Elle a Triomphé des Vices
Ton Bras Vaincra Tousiours Les Meschans Par le fer

Dedié à Madame de Haraucour Sa Fille Unique
Par son Treshumble Seruiteur Baltasar Moncornet auec Priuilege du Roy

IMP. Vve CHAZELLE 16 RUE DAUPHINE

COLLECTION SAINT-MICHEL

L'AMAZONE CHRÉTIENNE

OU LES

AVENTURES DE MADAME DE SAINT-BALMON

(LORRAINE)

Qui a joint une admirable dévotion et la pratique de toutes les vertus avec l'exercice des armes et de la guerre; ouvrage du Père JEAN-MARIE DE VERNON, Religieux Normand, du Tiers-Ordre de S. François, de la Province de S. Yves en France, contenant, outre l'Histoire de cette héroïne, une Relation, écrite par elle-même, de ce qu'elle a fait pour conserver la statue de Notre-Dame de Benoîtevaux.

NOUVELLE ÉDITION CONFORME AU TEXTE DE 1678

INTRODUCTION ET NOTES

PAR RENÉ MUFFAT

PARIS

E. DE SOYE, LIBRAIRE-ÉDITEUR

DÉPÔT : RUE DE MÉZIÈRES, 6.

NOTICE BIBLIOGRAPHIQUE

On a beaucoup parlé, et fort éloquemment, dans notre siècle, de l'heureuse influence que les femmes chrétiennes exercèrent toujours sur les destinées de leur pays. Quelques auteurs ont surtout considéré, à cet égard, les règnes d'Henri IV et de Louis XIII, et les années de la Fronde. Cousin, Monseigneur d'Orléans, M. Louis Veuillot, pour ne citer que les illustres, en ont écrit. Je n'aborderai pas, sitôt après eux, un semblable sujet, encore qu'il ne me fût pas impossible d'y apporter la lumière de plusieurs faits peu connus, et de conséquence.

L'ouvrage suivant, d'ailleurs, vaut bien un traité sur cette matière. La vie d'une très-noble dame, également sainte, savante et valeureuse, dont l'autorité et l'exemple entraînèrent villes et provinces au sanctuaire de la Vierge le plus délaissé du monde, et que ses compatriotes, au milieu des pires horreurs de la guerre, ont vue, pendant vingt-deux ans, l'épée à la main et la prière sur les lèvres, défendre les autels, les statues, les religieux et les prêtres, veiller à la sûreté des chemins, protéger l'honneur des jeunes filles, le bien des pauvres, la liberté des pèlerinages, et servir enfin, chaque fois qu'elle en trouvait l'occasion, la gloire et les intérêts de la couronne de France ; une vie si merveilleuse me paraît assez marquée de grâces providentielles, pour devoir être livrée aux méditations de notre âge. Elle consolera, du moins par le souvenir, quelques grands cœurs ; peut-être même relèvera-t-elle leurs espérances, malgré les désastres de la patrie.

Il ne s'agit point proprement ici, comme on voit, d'un foudre de guerre. Ce n'est pas qu'Alberte-Barbe d'Ernecourt n'eût su commander ou combattre des armées, et rivaliser avec les grands capitaines : elle en montra le génie autant que la bravoure, dans les moindres rencontres. Mais son ambition n'était pas là. Etrange force et vertu de ce qu'il faut bien appeler, dans la vie de Mme de Saint-Balmon (1), le doigt de Dieu ! malgré une extrême vivacité d'âme et une ardente complexion, elle aimait la paix de l'étude, la paix

(1) Nous conservons, dans le nom de l'Amazone, l'ortographe que lui donne le père Jean-Marie. J'ai vu ce nom écrit de quatre manières différentes. Mais, outre que l'étymologie en est incertaine, il convient de suivre, sur ce point, le bon religieux, qui avait vu la signature de l'héroïne.

des affections domestiques, et même la paix du cloître ; cependant, épouse et mère, elle fut violemment séparée des siens ; philosophe et poëte, elle ne jouit pas d'une année de loisir ; ascète charitable, elle se battit et versa le sang humain durant la plus grande partie de sa vie, étant pressée par des nécessités et par des inspirations plus fortes que ses goûts et ses projets tranquilles. Mais les victoires continuelles que lui assurait un assemblage extraordinaire de talents divers, joint à une visible protection d'en haut, ne lui enflèrent jamais le cœur. Elle ne se doutait point de ce qu'il y avait de mérite et de gloire à être admirée du grand Condé. Quand on lui aurait montré l'éclat d'une si haute louange, elle eût tout de suite, et tout bonnement, loué Dieu, peut-être en vers ; et c'était bien le pis qu'elle pût faire, quoiqu'elle eût composé de beaux cantiques, lesquels sont perdus.

Un jour, le roi Louis XIII, ainsi qu'on le peut lire dans cette histoire, lui fit offrir deux compagnies bien armées et équipées, l'une de cavaliers, l'autre de fantassins, pour en user à sa guise contre l'ennemi ; mais elle les refusa, trouvant qu'il lui suffisait, dans les combats ordinaires, de cent cinquante de ses vassaux, dont elle avait fait un corps d'élite, et qui valaient presque de vieilles troupes.

Elle voulait sans doute, malgré qu'on en eût, se

retrancher dans les seules exigences d'une vocation bien marquée et délimitée, laquelle était de préserver du pillage, de la famine, du libertinage et du sacrilége, une assez grande étendue de pays chrétien.

D'après son historien, la suite des exploits de Mme de Saint-Balmon aurait commencé le 1er mai 1636. Peut-être les mémoires très-exacts dont il s'est servi, n'avaient-ils été entrepris, tardivement, qu'à cette date. Quoi qu'il en soit, l'année 1635 avait déjà pu donner à l'*Amazone chrétienne* l'occasion de justifier son titre. Elle dut voir alors toute liberté de repos et d'étude s'envoler à jamais loin d'elle ; car ce fut le temps des plus grandes calamités que la Lorraine ait jamais souffertes ; les détails en passent l'imagination.

Le cardinal de la Valette, commandant une des armées du roi de France, ayant été mis en déroute, sur les frontières de Lorraine, du côté de l'Alsace, par les troupes réunies de l'Empereur et du duc Charles IV, celui-ci entra, ou plutôt fit irruption dans ses États, comme en pays conquis. Un tourbillon formidable, et d'éléments cosmopolites, enveloppa cette malheureuse contrée, et l'inonda de tous les fléaux de la terre, sans que le duc, ni Galas, chef des Impériaux, fussent capables d'y porter remède. La Lorraine devint peu à peu un désert, par la diminution croissante de ses natifs, laquelle date visiblement de cette époque.

Ce fut alors que l'on commença de connaître aussi les *Cravates*, ces éternels ennemis de la comtesse de Saint-Balmon. Je crois qu'il les faut soigneusement distinguer des Croates proprement dits, et que c'est une erreur manifeste de les gratifier, comme on fait, d'une dénomination générale, qu'ils ne méritaient point, et que le peuple sut bien leur refuser. Aussi ai-je maintenu, dans le texte de notre histoire, ce nom de *Cravates*, qui, véritablement, ne convient qu'à une maudite engeance de pillards et de meurtriers, toujours armés contre les lois de la paix et de la guerre, et contre les personnes, amies ou ennemies. Ce dangereux rebut des nations se composait des pires soudarts de toutes les armées, et même de quelques gens du duc Charles IV, lesquels ne voulaient plus servir d'autres intérêts que ceux de leurs appétits, bien qu'ils invoquassent la fidélité due à ce prince, dans leurs discours et dans leurs entreprises. Monstres vomis ou déchaînés par l'enfer ; impies, avides d'argent et de débauche, capables des dernières cruautés ; au demeurant, pleins d'une sinistre hardiesse, et beaucoup plus redoutables que les Croates, les Hongrois, les Bohêmes et les Suédois des troupes régulières.

Leur origine semble plus facile à déterminer que leur scélératesse à décrire. Les généraux de Louis XIII, en reprenant peu à peu du terrain et des places en Lorraine, s'aperçurent bientôt qu'il en était quelques-unes singulièrement fortes d'assiette et de murailles, et qu'ils ne pouvaient emporter, quoiqu'ils les eussent regardées d'abord comme de méchants réduits insignifiants. Or, ce furent les premiers nids de ces vautours dont je viens de parler. Le duc les leur avait abandonnés, sans nulle prévoyance. De là, plus terribles que les *bravi* de *l'Innominato*, ils fondaient sur les campagnes, où ils mirent tout à contribution pendant plus de trente ans. Le menu peuple, qui les appela dès lors *Cravates*, fut traité de telle façon, qu'il se trouva dans l'impossibilité de labourer, de garder du bétail, de faire négoce, de cheminer, ni de vivre; de sorte que l'émigration, la famine et la peste en emportèrent les trois quarts.

Cependant, on parvenait, de temps à autre, à détruire quelqu'un de ces repaires. Il fallut six semaines et près de 5,000 hommes à du Hallier (1), pour s'emparer du château de Moyen, tenu par les Cravates, à six lieues de Nancy. Ils avaient rassemblé, dans ce fort, des munitions de tous genres, pour plusieurs années. Ils ne furent enfin réduits, comme on voit, que par des forces très-supérieures. Mais, à mesure qu'on les dénichait de leurs principales retraites, ils trouvaient encore moyen de se gîter dans les masures des champs devenus déserts, et dans les forêts; d'où naqui-

(1) Qui fut depuis le maréchal de l'Hôpital.

rent la nouvelle espèce et le nouveau nom des *Cravates de bois*. Il en est fort question, mais sans détails précis touchant leur origine et leur nature, dans les mémoires du temps. Ceux-ci, non moins farouches que leurs congénères des forteresses, désolèrent de plus vastes pays : on en rencontrait, en 1638, jusque sur les frontières du Luxembourg et de la Flandre. Armés de carabines et de mousquets, montés sur des chevaux fort vites, et se couvrant du nom de gens de guerre, ils allaient à l'affût des convois, des courriers, des vedettes et des arrière-gardes de l'armée française. Rarement ils manquaient de rançonner, ou de tuer, étant d'ordinaire vingt contre quinze. Si leurs courses ne rendaient pas, ils se contentaient d'assassiner un gentilhomme dans sa maison, sous prétexte qu'il était rebelle au duc ; et, là, faisaient, en repos, bon feu et chère lie.

Comme les Cravates de bois paraissaient presque aussi insaisissables que loups-cerviers, on en vint à les prendre pour des êtres extra-naturels, et qui possédaient un charme contre les blessures d'épées et d'armes à feu. C'est, du moins, ce qu'on peut inférer de l'opinion d'un auteur de très-sérieux mémoires, l'abbé Antoine Arnauld, ancien capitaine d'infanterie, puis cornette des carabiniers de France. « Je rapporterai, dit-il, « un fait extraordinaire, et qui mérite bien d'être « su. Il y avait un célèbre *Cravate de bois*, qui

« nous incommodait assez (1) ; et le bruit était « qu'il était charmé, et nous nous en moquions. « Cependant, ayant un jour été arrêté par un de « nos partis, il *vérifia* bien ce qu'on en disait ; « car, comme on ne faisait point de quartier à ces « sortes de gens, qu'on considérait plutôt comme « voleurs que comme soldats, on lui donna plu- « sieurs coups d'épée ; on lui tira des coups de « mousquet à bout portant, sans pouvoir jamais « le blesser ; et nos soldats furent contraints, pour « s'en défaire, de l'assommer à coups de crosse « de mousquet (2). »

Ce furent des Cravates de bois qui pensèrent faire périr le chevalier de Grammont, près de Bapaume, comme il courait porter à la reine Anne d'Autriche la nouvelle de la prise d'Arras. Il ne dut la vie, selon Hamilton, qu'à une prompte ruse de son fertile esprit, et qu'à la vitesse de son cheval anglais.

Telle était donc l'étrange et cruelle milice à laquelle Barbe d'Ernecourt eut le plus souvent affaire. Les notes un peu développées, là-dessus, qui précèdent, outre qu'elles ne sont pas indifférentes pour l'histoire générale, feront bien com-

(1) Remarquez un seul Cravate *qui incommode* un régiment.

(2) Mémoires de l'abbé Arnauld, (Paris), 1756, 3 vol. in-8, tom. I, p. 112.

prendre les dangers qu'affrontait l'Amazone, et pourquoi elle se tenait toujours sur le qui-vive.

A l'égard des événements de sa vie, le précieux volume que nous remettons en lumière ne laisse guère à désirer. Au reste, le dix-septième siècle ne nous a légué aucun autre ouvrage qui se rapporte spécialement à elle. On n'y saurait rien ajouter d'important. Le P. Desbillons, un siècle plus tard, en fit un rapide abrégé, qu'il intitula : *Histoire de la vie chrétienne et des exploits militaires d'Alberte Barbe d'Ernecourt, connue sous le nom de Madame de Saint-Balmont*, Liége, 1773 (1) ; mais il ne put enrichir d'aucun fait inédit la matière. Il reproduisit seulement un curieux passage des *Mémoires d'Arnauld* qui prendra place dans cette notice, ainsi que le peu de lignes, relatives à mon sujet, que j'ai découvertes çà et là dans les livres anciens (2).

De ce que les auteurs sont rares, qui nous ont transmis les faits et gestes de cette guerrière, il ne

(1) In-8, gros caractère.

(2) J'ai vainement cherché quelque manuscrit ou imprimé, touchant notre héroïne, dans les plus gros catalogues, notamment dans celui des *Collections lorraines* de Noël, où il n'y en a pas trace, et fort heureusement peut-être ; car ce bibliographe, avec sa prolixité et sa scurrilité tout-à-fait déplaisantes, en eût fait raillerie. Le moindre ouvrage, quand il est bon, lui fournit prétexte à déclamer, et longuement, contre l'Église.

1.

faut point conclure qu'elle n'ait pas rempli de sa renommée les conversations de la ville et de la cour, et du peuple. L'imagerie propageait ses traits jusqu'au fond de l'Allemagne, et les artistes en faisaient des gravures de choix, qui coûtent fort cher à l'heure présente. Son nom, en 1650, c'est-à-dire dix ans avant sa mort, était légendaire(1). On contait, on exaltait ses prouesses avec une sorte d'admiration et de terreur, qui s'accommodait très-bien du merveilleux, voire du gigantesque, à cause de l'éloignement et de la nouveauté de tels prodiges.

Toutes les châtelaines à qui le ciel avait départi quelque courage, s'efforçaient d'imiter l'Amazone lorraine. Aucune louange ne les pouvait mieux toucher que d'être comparées à Mme de Saint-Balmon. Un récit animé de Mme de la Guette en fera juger :

«... Nous ne parlâmes que de guerre sur le chemin, « ayant toujours pris grand plaisir à cette sorte d'entre- « tien. Je leur demandai (*à des capitaines du régiment de « Marsin*) pourquoi ils m'avaient dit : A moins que ce ne « soit Mme de la Guette, il n'y a point de dame qui l'ose « entreprendre (*de suivre cette route*). — Il est vrai, « madame, que nous l'avons dit ; car vous passez, parmi « nos troupes, pour la plus généreuse de toutes les femmes; « il n'y a personne qui voulût vous faire insulte ; et même « dans l'armée de Lorraine, on vous appelle la Saint- « Ballemont de la Brie. — Vraiment, leur dis-je, je « dois être la plus glorieuse du monde, puisqu'on me

(1) Voir à la fin du volume, les *Pièces justificatives*.

« compare à Mme de Saint-Ballemont, qui est la merveille « de son temps et pour sa valeur et pour sa belle conduite. « L'on me fait une grâce que je ne mérite point. C'était « une dame qui demeurait sur les frontières de « Lor- « raine et qui était admirée d'un chacun (1). »

Ainsi, la chronique populaire confirmait d'avance la relation du P. Jean-Marie. On ne lui saurait faire le reproche d'y avoir multiplié à plaisir ni exagéré les aventures. Il est même permis de croire que les documents qui lui avaient été fournis, sans doute en forme de journal, par un aumônier ou par quelque gentilhomme de la suite de notre cavalière, n'avaient pas été recueillis avec tant de régularité pendant vingt-trois ans, qu'ils ne pussent offrir de nombreuses lacunes. Dans le livre du bon religieux, on remarque des intervalles d'années durant lesquelles pourtant Barbe d'Ernecourt n'a point dû sommeiller, puisque les éternels Cravates veillaient toujours, bien que, grâce à elle, ils fussent un peu sur leurs gardes entre Bar et Verdun. Et puis, ne laisse-t-elle pas échapper elle-même, dans les trop courts fragments que le Père nous donne de sa correspondance, des paroles comme celles-ci : *Mes gens et mes chevaux sont sur les dents, et moi, je m'en porte bien... Je suis accablée à faire des convois... J'étais tous les jours aux mains avec les Cravates de bois? Je n'ai pas une heure de loisir.... ?*

(1) *Mémoires de Mme de la Guette*, édit. Jannet, Paris, 1856, p. 106, 107.

Un aimable écrivain, l'abbé Arnauld, qui nous a rapporté, *de visu*, quelque chose de sa vie, ne l'avait jamais pu rencontrer qu'à l'occasion et à la suite de quelque combat. Son récit est fort curieux, et à plus d'un titre. Je n'en priverai pas le lecteur, voulant rendre ce travail aussi complet qu'il me sera possible.

« Ce fut, dit Arnauld, cette année (1638), si je ne me « trompe, que j'eus l'honneur de connaître cette Amazone « de nos jours, Mme la comtesse de Saint-Balmont, dont « la vie a été un vrai prodige de valeur et de vertus, « ayant rassemblé en sa personne toute la fierté d'un « soldat déterminé, et toute la modestie d'une femme « véritablement chrétienne. La moitié de ce témoignage « lui fut rendue, en ma présence, par quelques soldats « espagnols qu'elle avait pris à la guerre, et qu'elle avait « envoyés à Verdun à M. de Feuquières, lequel leur ayant « demandé en riant s'ils avaient en leur pays des femmes « aussi vaillantes que celle-là, l'un d'eux prit la parole et « lui répondit sérieusement qu'il ne la prendrait jamais « pour une femme, et qu'il lui avait vu faire des actions « d'un soldat furieux. Ceux qui liront ces mémoires ne « seront peut-être pas fâchés de savoir un peu plus par- « ticulièrement des nouvelles d'une femme si extraordi- « naire. Elle était d'une très-bonne maison de Lorraine, « et née avec des inclinations dignes de sa naissance. « La beauté de son visage répondait à celle de son âme ; « mais sa taille ne répondait pas à sa beauté, étant petite « et un peu grossière. Dieu, qui la destinait à une vie « plus laborieuse que celle des femmes ordinaires, la « rendit ainsi plus robuste, et plus propre aux fatigues du « corps. Il lui donna aussi un si grand mépris pour la « beauté, qu'ayant eu la petite vérole, elle se réjouissait « d'en être marquée, comme les autres ont accoutumé

« de s'en affliger, disant qu'elle en serait plus semblable « à un homme. Elle épousa le comte de Saint-Balmont, « qui ne lui cédait ni en naissance ni en mérite. Ils vécurent « ensemble dans une parfaite union ; mais les troubles qui « arrivèrent en Lorraine les contraignirent de se séparer. « Le comte occupa, à la suite du duc son maître, des em- « plois dignes de lui, si on en excepte le commandement « qu'on lui donna d'un méchant château, où il eut l'as- « surance de résister à l'armée du roi pendant quelques « jours, au hasard de subir la sévérité des lois de la « guerre, qui menacent ces commandants téméraires d'un « supplice infâme. Il fit même davantage, et on peut « dire qu'il ajouta l'insolence à la témérité, puisque à « chaque coup de canon qu'on lui tirait, il paraissait aux « fenêtres avec des violons qui jouaient à ses côtés. Cette « folie (car on ne peut pas l'appeler autrement) pensa lui « coûter cher. Il fut agité dans le conseil de guerre, « quand il fut pris, si on ne le ferait point servir d'exemple. « Il est sans doute qu'il le méritait ; mais on eut du res- « pect pour sa naissance, et peut-être aussi pour sa bra- « voure, quoique indiscrète...

« Mme de Saint-Balmont ne se contenta pas de « conserver seulement ses biens en repoussant la « force par la force, mais elle donna protection à « quantité de gentilhommes ses voisins, qui ne firent « point de difficulté de se réfugier dans son Bourg, et de « se ranger sous ses ordres quand elle allait à la guerre, « d'où elle revenait toujours avec avantage, exécutant ses « entreprises avec autant de prudence que de valeur. Je « l'ai vue diverses fois chez Mme de Feuquières à Ver- « dun ; et c'était une chose assez plaisante de voir com- « bien elle était embarrassée (1) en habit de femme, et

(1) On le peut comprendre, car elle portait un habillement d'homme sous celui de femme.

« avec quelle liberté et quelle vigueur, après l'avoir quitté « hors de la ville, elle montait à cheval, et servait elle-« même d'escorte aux dames qui l'accompagnaient, et « qu'elle avait laissées dans son carrosse. Cependant cette « vie si éloignée de celle d'une femme, et qui, dans d'au-« tres qui s'en sont mêlées, a presque toujours été accom-« pagnée de libertinage, n'avait rien d'approchant en « celle-ci. Quand elle était en repos chez elle, toute sa « journée était employée en offices de piété, en prières, en « saintes lectures, en visites des malades de sa paroisse, « qu'elle assistait avec une charité admirable ; ce qui lui « attirant l'estime et l'admiration de tout le monde, lui « faisait aussi porter un respect qui n'aurait pu être plus « grand pour une reine (1). »

Je supprime, dans ce passage, une anecdote plus singulière que vraisemblable, reproduite à peu près dans toutes les biographies générales qui paraissent encore aujourd'hui. C'est même uniquement d'après une historiette si peu fondée que le nom de l'héroïne est connu de quelques personnes. Le Père Desbillons, qui l'a réfutée, en parle ainsi :

« Cette aventure est la seule qu'on lise dans les écrits « de quelques littérateurs et de quelques critiques de nos « jours, qui ont voulu faire connaître Mme de Saint-Bal-« mont. Il s'agit d'un duel entre elle et un capitaine de « cavalerie, qui faisait quelque dégât sur ses terres. Elle « commence par lui envoyer faire des plaintes : celui-ci « les ayant mal reçues, elle lui écrit sous le nom du « chevalier de Saint-Balmont, et lui mande que, pour

(1) *Mémoires de l'abbé Arnauld.* Amst., (Paris), 1756, 3 vol. in-8, tom. I, p. 113-122.

« avoir raison de son peu d'honnêteté envers les dames, « ce prétendu chevalier veut le voir l'épée à la main. Elle « se rend en habits d'homme au lieu marqué; elle y « trouve le capitaine, l'attaque, le pousse vigoureusement, « le met hors de combat, le désarme, et lui apprend que « c'est Mme de Saint-Balmont elle-même qui l'a désarmé, « et qui lui rend son épée. On ajoute que cet officier, « couvert de confusion, se retira du service, et qu'on n'en « entendit plus parler.

« Les Mémoires de l'abbé Arnauld paraissent être l'u- « nique source où l'on a puisé cette historiette. Nous « doutons qu'elle soit conforme à la vérité. Le Père « Jean-Marie, fort attentif à recueillir tous les exploits « de son héroïne, ne dit rien qui ressemble à celui-ci. « L'abbé Arnauld n'en marque point la date : il nous « apprend seulement qu'on le lui raconta à Verdun en « 1638. Sur quoi nous observerons que, dans cette même « année, Mme de Saint-Balmont mit en déroute une « compagnie de quarante cavaliers français, qui enlevaient « son troupeau de vaches, et fit prisonnier le maréchal « des logis qui commandait la compagnie. La prise de « cet officier a pu faire naître l'historiette du capitaine « de cavalerie appelé en duel, vaincu et désarmé par cette « dame. J'ajoute que ce n'était nullement sa manière d'en « agir avec les pilleurs que de les faire prier d'épargner « ses possessions, bien moins encore de leur écrire et d'en- « trer avec eux dans une espèce de négociation : jamais « ils ne paraissaient qu'elle n'en fût avertie par une sen- « tinelle placée dans le clocher de sa paroisse, et qu'elle « ne partit sur-le-champ pour les combattre, comme on « le verra dans le récit de ses expéditions militai- « res (1). »

(1) *Hist. de la vie chrétienne*, etc., dans la préface.

Si Desbillons eût pu connaître les *Historiettes* de Tallemant des Réaux, il aurait douté bien plus encore de l'authenticité de cette aventure ; car elle n'est point mentionnée par le piquant anecdotier, qui raconte avec joie, et par le menu, tous les petits faits d'injures et de duels, surtout appartenant à la vie des dames. Il ne pouvait manquer de donner quelque soin à la figure de l'héroïne. Celle-ci est une des rares personnes dont la réputation n'ait rien perdu au coup de pinceau du cynique Tallemant. Les deux pages dans lesquelles il nous l'a représentée sont jolies, pittoresques, et toutes favorables, encore qu'on y puisse aisément reconnaître la tournure habituelle d'un esprit étroit et méchant. Voici ce portrait :

« Mme de Saint-Balmont est du Barrois : son mari « était dans les troupes du duc de Lorraine, et est mort à « son service. Se trouvant naturellement vaillante, *elle « se mit en tête de conserver ses terres* ; cela l'obligeait à « monter souvent à cheval ; insensiblement elle s'y ac- « coutuma, et peu à peu elle s'habilla en guerrière : elle a « d'ordinaire un chapeau avec des plumes bleues ; le bleu « est sa couleur ; elle porte ses cheveux comme les hom- « mes, un justaucorps, une cravate, des manchettes « d'homme, un haut-de-chausses, des souliers d'homme, « et fort bas ; car, quoiqu'elle soit petite, elle ne veut point « passer pour plus grande qu'elle n'est, et elle est si « brusque, qu'elle ne pourrait pas sans danger se chaus- « ser comme les femmes ; elle porte une jupe par dessus « son haut-de-chausses ; elle a toujours l'épée au côté ; « mais, quand elle monte à cheval, elle quitte sa jupe et « prend des bottes. Quand elle entre dans quelque ville,

« tout le monde court après elle ; elle a la voix et la mine « d'un homme, à la barbe près ; mais elle paraît jeune, « quoiqu'elle ne le soit pas ; elle a les actions et les révé- « rences d'un homme. On ne saurait être plus vaillant « qu'elle : elle a tué ou pris de sa main plus de quatre « cents hommes. Quand Erlach passa en Champagne, « elle alla seule attaquer trois cavaliers allemands qui « dételaient les chevaux de sa charrue, et les arrêta jus- « qu'à ce que ses gens fussent arrivés. A un château, elle « monta à l'escalade, et, étant abandonnée des siens, elle « ne laissa pas d'entrer dedans le pistolet à la main, et, « se jetant de furie dans une chambre où il y avait dix- « sept hommes, elle seule les désarma ; apparemment ils « crurent qu'elle était suivie. Elle est toujours admirable- « ment bien montée ; elle dresse elle-même ses chevaux, « et il n'y en a point de mieux dressés que les siens...

« Ses mœurs (1) ne s'accordent pas trop bien avec son « habit ni avec son humeur guerrière, car elle aime au- « tant à prier Dieu qu'à se battre ; elle est aussi dévote « que vaillante. Il y a un livre imprimé de sa façon, « qui contient les exercices spirituels qu'on pratique dans « sa maison.

« Elle a l'esprit vif, parle beaucoup et est fort civile ; « elle est gaie jusqu'à contrefaire l'allemand francisé. « Elle est un peu gesticulante ; mais elle est si souvent « homme, qu'il ne faut pas s'en étonner (1). »

Ce qui frappe le plus dans cette histoire, c'est une étonnante universalité de vertus et de génie.

(1) Pour *habitudes*.

(2) Les historiettes de Tallemant des Reaux, tom. V, p. 107-109.

Mme de Saint-Balmon nous donne tout ensemble une parfaite idée de la Minerve des Grecs et de la femme forte de l'Ecriture. A mesure qu'on avance dans sa vie, on est obligé de reconnaître, avec l'historien, que *tout était sublime* en elle. Auteur d'hymnes religieux, elle était capable, comme on verra, de les chanter sur la lyre. Je soupçonne qu'elle savait non-seulement le latin, mais le grec aussi, et l'allemand. Tous les historiens sacrés et profanes, ainsi que les philosophes, les poëtes et les saints Pères, lui étaient connus. Artiste, elle garda cinq ans, dans son château, un peintre avec toute sa famille, pour le faire travailler à des tableaux d'église. Enfin, n'en déplaise aux détracteurs du passé, je soutiens qu'elle était la meilleure des économistes, et que, chez elle seulement, non pas dans aucune république de ce temps-ci, on peut retrouver quelque trace lointaine du vrai progrès. Non, je ne puis me dispenser d'isoler la page suivante du Père Jean-Marie. Les démocrates y verront, comme ayant été pratiqué autrefois, ce qu'il cherchent vainement dans leurs rêves : *confortable* (c'est bien là le premier point), libre développement du commerce et de l'industrie, *organisation* du travail, suppression des impôts, et jusqu'aux bonnes barricades, aux *sorties en masse*, et au service obligatoire. Ce n'est, pourtant, ni plus ni moins que l'idéal, en petit, d'une monarchie chrétienne.

« Tous ses sujets, dit le Père de Vernon, étaient « riches, parce qu'ils ne payaient aucuns impôts, « ni contributions, jouissant paisiblement de leurs « revenus et du fruit de leurs travaux. Neuville, « (*le bourg*) étant bien fermé et barricadé par les « soins de la *Dame*, s'accrut en peu de temps par « des bâtiments nouveaux, pour y loger des hôte- « liers et toutes sortes d'artisans, comme armu- « riers, serruriers, menuisiers, fondeurs en cuivre, « cordonniers, selliers, orfèvres, merciers, chirur- « giens, qui avaient abandonné les villes. En effet, « ils n'y pouvaient plus subsister, à cause des loge- « ments des soldats, et des autres charges ; au « lieu qu'ils étaient délivrés de ces misères dans « Neuville, où on les obligeait seulement d'être « bien armés, et de savoir le métier de la guerre, « pour entrer en garde à leur tour, et courir sus « aux Cravates. »

Veut-on connaître le secret de ce gouvernement d'élus, et, en général, d'une *Salente* catholique ?

« Elle faisait exactement observer le Décalogue : « les jeux de hasard, l'ivrognerie, la discorde, « les jurements, blasphèmes et autres désordres « n'avaient aucun accès dans son logis, ni même « dans son village (*bourg*), où il était défendu de « boire ni manger dans les tavernes durant le ser- « vice de l'église, et aux taverniers de vendre du « vin ni autres denrées. Personne ne se plaignait

« d'y avoir rien perdu, parce que les contrevenants « étaient punis par de bonnes amendes, *dont ils « n'étaient jamais dispensés.* »

Ce qui précède ne fait point supposer qu'on ne s'amusât jamais à Neuville. Tout y devait, au contraire, participer à la gaîté constante de cette châtelaine, qui aimait les jeux intelligents. On y donnait même, comme je pense, des représentations scéniques, auxquelles le peuple se plaisait fort, et principalement de tragédies chrétiennes, à nombreux personnages, qu'elle composait elle-même, et dont l'une, faite en quinze jours, parvint jusqu'à Paris, où elle fut imprimée. Comme personne, jusqu'ici, n'a pu rien dire de très-exact touchant cette tragédie, ni surtout en produire le moindre extrait, tant elle est devenue rare, on permettra bien à un antiquaire de la présenter enfin sous forme de canevas, avec citations choisies, dans la présente introduction.

Au reste, c'est, en quelque sorte, un des malheurs de la guerre de Trente-Ans, qu'il nous soit parvenu si peu de chose des écrits de Mme de Saint-Balmon. « Si on voulait mettre en lumière, dit son « biographe, toutes les lettres de Barbe d'Ernecourt et ses autres écrits, on en pourrait former « un juste volume, qui édifierait grandement le « public. » Il dit ailleurs : « Les tragédies en vers « qu'elle a composées sur la mort de Jésus-Christ, « sur le martyre des saints Marc et Marcellin, et sur

« celui de sainte Gondelaine, sont des pièces fort « estimées (1). Semblablement les copies de toutes « ses Lettres, qui sont entre les mains de sa fille. « Peut-être que la providence de Dieu les tirera un « jour de son cabinet, pour les mettre en lu- « mière. » Hélas ! non. Tout en est perdu, excepté l'admirable relation que le prévoyant religieux nous a conservée, et qui, pour la solidité, l'éloquence, la bonhomie et le charme, soutient la comparaison avec les œuvres de sainte Jeanne de Chantal et de la mère de Changy (2). Que l'idée du Père Jean-Marie a été heureuse encore, d'en « faire, comme il le déclare, une fidèle copie, entièrement conforme à l'original, sans y rien changer, *non pas même une syllabe !* »

On ne sait pourquoi dom Calmet, ignorant jusqu'aux titres des rares productions de l'Amazone, a cru néanmoins devoir inscrire son nom (3), dans la *Bibliothèque des écrivains de la Lorraine*, (Nancy, 1751). Pareil soin était, ce semble, anor-

(1) La seconde de ces trois pièces a seule été imprimée, et par indiscrétion ; car le modeste auteur ne visait aucunement à une gloire humaine.

(2) Voir le récit commençant par ces mots : *Etant un jour à dîner avec ma petite famille...*, lequel n'a été écrit que *par obéissance.*

(3) Il l'écrit *Baslemont,* comme l'ont fait d'autres historiens. — La terre de *Saint-Baslemont* est indiquée ainsi dans le Recueil de pièces donné par Marchal.

mal, puisqu'il ne pouvait faire que simple besogne d'annaliste, étrangère à son travail, en marquant seulement la grande noblesse de Mme de Saint-Balmon, la date de son mariage, non pas de sa naissance, et qu'elle « était fort estimée du prince de Condé, des maréchaux de France de Guébrian, de Gassion, de l'Hospital, de la Ferté, etc. »

L'abbé de Marolles a mentionné, le premier, en deux lignes de ses Mémoires, « deux pièces « composées par Mme de Saint-Balmont de Lor-« raine. »

Voici maintenant la description de l'imprimé dont il est question ci-dessus, et l'analyse de ce qu'il contient :

Il est intitulé : Les jumeaux martirs, tragédie (*en 5 actes et en vers*), par madame de Saint-Balmon (1). Il y en eut deux éditions. La première, de format petit in-4°, porte cette rubrique : *A Paris, chez Augustin Courbé*, 1650 ; elle se compose de 144 pages de texte, et de 2 feuillets pour le titre, le privilége, le nom des *Acteurs* (personnages) et l'avis de l'Imprimeur. La seconde édition (*Ibid*), 1651, petit in-8, comprend 108 pages en tout, et renferme aussi l'avis de l'Imprimeur et le nom des personnages, mais non le

(1) On voit que l'orthographe que nous avons adoptée pour ce nom de famille, est encore ici autorisée.

privilége. Quoique moins belle que la première, elle est beaucoup plus correcte.

L'avis est très-remarquable :

L'Imprimeur au Lecteur.

« Cette pièce ne peut être mieux louée que par le Nom « de celle qui l'a faite ; et il suffit de dire qu'elle est « de Mme de Saint-Balmon, pour lui gagner l'approba- « tion publique Il est vrai que c'est contre son gré que « je vous la donne ; mais on dit qu'elle ne fait point de « bien dont elle ne fasse un secret ; et il ne fallait pas « attendre d'elle l'impression de ses vers, après la sup- « pression de toutes ses bonnes œuvres. Celle-ci serait « plus achevée et en meilleur ordre (1), si elle eût voulu « prendre la peine de la revoir. Mais une Femme qui « est toujours à cheval pour la défense de ses sujets, et « a tous les jours des Croates (2) ou des Allemands à « combattre, n'a pas le loisir de mesurer des rimes et « de compter des syllabes ; et ceux qui sauront que ce « n'est ici que le jeu de quinze jours de relâche, y « trouveront plus de sujet d'admiration que de cen- « sure. »

Cette pièce fut jouée, je le sais, dans un couvent, en 1650, et, comme on le vient de voir,

---

(1) Ce détail ferait supposer que l'imprimeur n'avait entre les mains que les différentes copies des rôles de la pièce, distribués, je crois, à des jeunes filles.

(2) Exemple d'une erreur assez commune, par laquelle les Croates naturels, malheureusement pour eux, sont confondus avec les Cravates.

imprimée la même année, *contre le gré* de l'auteur. Tous les bibliographes qui ont pris note de cette tragédie et du nom de l'héroïne dans le dix-huitième siècle, ne l'ont fait que d'après de fausses indications. Ainsi, Jamet, barbouilleur à la main de livres consacrés au femmes, Voltairien bavard et bavard sempiternel, qui ne se pouvait résoudre à paraître ignorer quelque chose d'un personnage ou d'un volume, et qui, le premier, trouva moyen de faire le pédant autorisé avec d'indécentes rapsodies, veut nous apprendre, comme pour étaler son érudition et son atticisme de valet, que l'imprimeur des *Jumeaux Martyrs* appelle, dans un avis aux lecteurs, Mme de Saint-Balmon *l'autrice de cette pieuse parade;* que c'est, du moins, ce que rapporte le chevalier de Mouhy, Or, celui-ci ne fait mention d'aucun terme semblable. Jamet a donc menti une fois de plus, et doublement dans cette occasion, afin *qu'il en restât quelque chose* de défavorable à une guerrière catholique. Il est vrai que le dix-huitième siècle eût désiré de nous escamoter cette gloire, de même qu'il a tenté de flétrir une autre Lorraine, Jeanne d'Arc, par la main d'un autre exécuteur, Voltaire.

Jamet n'avait vu de ses yeux, non plus que Mouhy, aucune œuvre de notre Alberte. Mouhy, à propos de la pièce qui nous occupe, commet quatre erreurs (mais seulement des erreurs) en deux lignes : « La *Marquise* de Saint-Balmon, dit-il, femme de qualité de *Nancy*, *mit* au théâtre, en 1652, une tragédie, etc. »

Le sujet de ce drame chrétien, est, comme on l'a déjà dit, le martyre des deux frères Marc et Marcellin, mis à mort, avec plusieurs de leurs proches, que la grâce a touchés. La légende en est bien connue, et n'a pas été négligée par l'auteur de *Fabiola*. Mme de Saint-Balmon, trouvant sans doute quelque analogie entre cette histoire et le sujet de *Polyeucte*, s'inspira de l'un et de l'autre, et se délassa des travaux guerriers par l'exercice des vers, dans un moment de répit que lui laissaient les coureurs des bois.

C'est un fait inouï que celui d'un auteur tragique mettant lui-même, et chaque jour, en œuvre la plus rare et la plus sublime résolution exprimée par les discours de ses personnages, qui est de braver la mort. Aussi règne-t-il, dans tout le poëme, une chaleur véritable, une verve naturelle, et je ne sais quel souffle généreux, qui entraîne les sentiments hors des voies ordinaires de l'éloquence et de la vie. Sans doute on y peut noter de nombreuses fautes de goût, ainsi que dans tout le théâtre contemporain de la jeunesse de Corneille. Mais les fautes qui échappent à Mme de Saint-Balmon (et c'est une originalité) n'appartiennent point à la poésie dramatique de ce temps-là : ni les pointes italiennes, ni l'enflure espagnole ne paraissent dans ses vers francs, harmonieux et rapides, où brillent surtout la clarté et le bon sens ; quelques antithèses et des figures triviales y montrent plutôt combien Sénèque et Tertullien lui étaient familiers. Et jamais les chevilles — ces niaises chevilles, qui ont fait le bonheur du siècle de Voltaire, — ne viennent ici interrompre la chaîne solide du raisonnement, où excellait Mme de Saint-Balmon. Les caractères, trop nombreux, il est vrai, dans cette pièce, ont été néanmoins assez bien marqués et nuancés : celui de saint Sébastien, particulièrement, est tracé avec une vigueur cornélienne ; et le mot, en cet endroit, n'est pas une banalité de nouvelliste.

Au premier acte, Silénie et Camille, issues de la famille des Scipion, et femmes des deux jumeaux emprisonnés par ordre du juge Cromace, devisent tristement de leurs propres destinées, qu'elles entrevoient déjà comme devant être aussi cruelles que celles de leurs époux, ce qui nuit à l'intérêt du plan. Mais ce n'est pas ce genre d'intérêt que l'auteur semble avoir en vue.

CAMILLE.

La cause d'un chrétien n'est jamais favorable :
Un homme est délaissé dès qu'il est misérable.
De chercher leur salut c'est être criminel,
Et leur bourreau souvent est un bras paternel.

SILÉNIE.

Dieux ! qui le pourrait faire? . . . .
. . . .

Avecque lui je veux endurer le supplice.
. . . .
Un mari ne se doit jamais mésestimer;
Quelque faute qu'il fasse, on doit toujours l'aimer.
L'affliction nous est une pierre de touche
Où l'on preuve en effet ce que l'on dit de bouche.

Survient leur beau-père, le vieillard Tranquillin, qui, fort ému de la générosité de ces deux modèles de fidélité conjugale, s'écrie avec un beau transport, malgré l'excès d'hyperbole :

Généreuses beautés, de qui l'affection
Fait renaître le sang de ce grand Scipion,
De l'Afrique l'effroi, partout le premier homme,
L'honneur de l'Italie et la gloire de Rome!
Si, dans la noire nuit où le retient la mort,
Il voyait de vos cœurs le fidèle transport,
Il viendrait, tout confus, soumettre à votre gloire
L'estime et les honneurs qu'on rend à sa mémoire :
Il ferait plus de cas d'être de vos aïeux
Que d'avoir tant de fois été victorieux.

Après des consolations mutuelles, dont la plus forte semble naître de l'estime que l'on fait du caractère de Cromace, juge-criminel de Rome, ils sortent ; et les deux actes suivants sont remplis par des alternatives de douleur et d'espérance, selon que les personnages mis en jeu pour dompter la résistance des martyrs, ont plus ou moins d'autorité et d'onction. A un moment, les parents et les épouses de Marc et Marcellin sont presque dans la joie ; car, outre que l'un de ceux-ci paraît s'émouvoir à tant de larmes, de prières et même de sophismes, Cromace, le juge, se sentant déjà secrètement porté vers le christianisme, fait paraître un extrême courage à vouloir absoudre l'innocence. Mais on apprend que Dioclétien, soupçonnant chez lui ce qu'il appelle de la faiblesse, lui envoie un collègue subrogé, homme fort méchant, et cruel par politique, du nom de Fabian. Cromace, on le voit, est une création naïve, et comme la contre-partie du *Félix* de Corneille. Il connaît Fabian : il se voit perdu. Néanmoins, il tentera, lui son ennemi, de le séduire par la douceur, ayant promis à Marcie, mère des jumeaux, de tout entreprendre pour les sauver. Il attend donc ce Romain,

qui n'a point d'âme.
Quelque démon sans doute agit dedans son corps.
Ses lâches actions le montrent au dehors.
Mais quitte ces raisons à la foi qui t'engage :
Il faut que la douceur triomphe de sa rage,
Cromace; faisons voir ce que peut un ami (1)
Qui te fait mettre au pied de ton seul ennemi;
Fais paraître aujourd'hui, dans le siècle où nous sommes,
Que tu sais mieux aimer que le reste des hommes.
Je vois dans ce projet la perte de mes biens :
Je suis déjà jugé, soutenant les chrétiens,
Et sans doute l'effort de toute la tempête
Ne se calmera pas sans emporter ma tête.

---

(1) Un ami de l'illustre famille patricienne des Tranquillins.

Mais un certain génie anime mes esprits,
Pour servir les chrétiens, dont ma mort est le prix.
M'y voilà résolu; la vaine renommée
Contre un si haut dessein ne m'est qu'une fumée.

Cependant, Céphas et Mélian, amis des deux jumeaux, ont obtenu de les pouvoir endoctriner. Comme ils leur suggèrent divers systèmes de feintes, et qu'ils leur font des objections contre la foi chrétienne, tout à coup arrive Sébastien, illustre capitaine, et le véritable héros de la pièce : il tient du croisé et de l'apôtre ; c'est évidemment l'idéal de Barbe d'Ernecourt. A peine entré, il veut non-seulement prévenir l'apostasie, mais aussi triompher de l'erreur; et rien ne résiste jamais à la force et à la lucidité de ses définitions et de ses arguments. Voici comme il parle :

Je dis que ce Soleil des splendeurs éternelles
Voit les iniquités des âmes criminelles :
Il entend nos discours, et sait notre dessein;
Il connaît ma pensée au milieu de mon sein;
Cet adorable Amour qui créa toutes choses,
En donnant du pouvoir à de secondes causes,
Demeura souverain, et cette liberté
Ne fut que pour aider à notre infirmité;
Cachant aux yeux grossiers sa puissance suprême,
Il fit que la nature agissant par soi-même,
Elle parut puissante, et, par de beaux accords,
De ce grand univers il ne se fit qu'un corps,
Et produisant en mère, et régissant en reine,
Elle fut sur nos cœurs bientôt la souveraine;
Non qu'elle l'ait voulu; mais nos iniquités,
En ternissant l'éclat de ses rares bontés,

Ont attiré du ciel la foudre par nos crimes,
En aimant des sujets qui sont illégitimes.
Mais, pour faire approuver nos inclinations,
Nous offrîmes l'encens selon nos passions,
Et, pour vous expliquer le malheur où nous sommes,
C'est d'avoir fait des Dieux des plus méchants des hommes;
Jusques aux animaux on dressa des autels,
Adorant pour divins ceux qui furent mortels.

. . . .

Ainsi, cherchant un Dieu dans ces fausses images,
Vous perdez l'ouvrier, et gardez les ouvrages.

Céphas, embarrassé, répond par quelques vagues observations, dans lesquelles il faut saisir un trait, assez juste encore à l'heure présente :

Vous parlez en chrétien, non pas en habile homme :
Sachez que ce discours n'est plus reçu dans Rome.

Au 4e acte, nouvelles suggestions faites aux deux frères par leur parents Marcie et Tranquillin, et par leurs épouses. Leurs efforts, réunis à ceux des amis de la famille, continuent, au dernier acte, avec tant de persévérance, que l'un des jeunes martyrs est en péril, et pousse vers le ciel ce cri d'angoisse :

Grand Dieu, secourez-nous au fort de cet orage!

SÉBASTIEN (*accourant*).

Généreux chevaliers, ne perdez pas courage. . .

. . . .

Faut-il que des soupirs éteignent cette flamme
Qu'un céleste désir allumait dans votre âme?

Fermez, fermez l'oreille à ces discours trompeurs,
Et ne regardez plus vos femmes, ni leurs pleurs.
Le ciel ne peut souffrir qu'avec indifférence
On déguise la foi d'une fausse apparence.
Ne craignez pas la mort : ses traits vous seront doux.
Si vous êtes chrétiens, je le suis comme vous.
Quand nous aurions encore autant de jours à vivre
Que nous avons vécu, ne devons-nous pas suivre
Un si noble dessein?

MÉLIAN.

Quel discours, Sébastien!
Et que nous dites-vous?

SÉBASTIEN.

Je cherche votre bien,
Et vous dirais bien plus, si vous vouliez m'entendre.

MARCIE.

Parlez.

CÉPHAS.

Il n'oserait.

TRANQUILLIN.

Il le lui faut défendre.

SÉBASTIEN.

Ne me défendez pas votre conversion :
Pour vous gagner à Dieu j'ai trop de passion.
Vous saurez, mes amis, que ce Dieu que j'adore
Est celui qu'en plusieurs vous adorez encore.
Vos Dieux n'ont point été vos vrais libérateurs,
Je vous le montrerai même dans vos auteurs.
Toujours, de siècle en siècle, on a vu les plus sages
Au Dieu seul dont je parle adresser leurs hommages.
Mercure Trismégiste écrit que Dieu n'est qu'un;
Qu'il produit toute chose, et n'a rien de commun;
Qu'il est notre vrai bien. Sa naissance divine
De tout ce qui prend être est l'unique racine.

Au ciel il a semé son immortalité,
Et dans cet univers répandu sa bonté . . .
. . . .
Il balance la terre, il a borné les mers. . .
. . . .
C'est à lui, mes amis, que nous devons nos vœux.
O Dieu! pour vous louer, inspirez-moi vos feux!

Ce dernier vers (un beau vers de cantique), l'Amazone à dû souvent le prononcer, à Neuville, durant les instructions religieuses qu'elle faisait aux serviteurs et aux gentilshommes de sa maison. Que de fois elle leur communiqua cette vive flamme qui embrase le cœur des guerriers chrétiens, toujours prêts au martyre! Aucun de ces hommes, peut-être, n'aurait, dans l'occasion, refusé de suivre au supplice toute cette famille des Tranquillins, dont elle fait revivre, avec tant de piété, la légende, sans y vouloir presque rien changer ni ajouter. On sent bien qu'elle même trouverait une place naturelle dans ce monde héroïque, et y entraînerait d'autres âmes, comme fait Sébastien, lequel jouit enfin du succès de son œuvre, couronnée par la grâce. La grâce est ici dans son triomphe le plus éclatant. Le vieillard, la mère, les épouses, les petits enfants, Cromace même, déjà vertueux sous la loi des hommes, tous ont été saisis par la folie et contagion de la croix, à la réserve de Fabian, le politique, — celui-ci appartenant à une espèce rebelle d'ordinaire aux choses de Dieu. Le drame alors s'achève ainsi :

LE GARDE (*à Fabian*).

Monseigneur, ils sont morts d'un visage constant,
Et leur supplice prêt n'a duré qu'un instant.
Les frères se sont mis en deux poteaux infâmes,
Et, sous les coups de lance, ils ont rendu leurs âmes.
Tranquillin et sa femme, à la mort obstinés,
Ont vu leurs tristes jours par le fer terminés.
Quatre petits enfants, Silénie et Camille,
Ont accru, par leur fin, le deuil de cette ville.
Chacun en murmurait, vous nommant inhumain,
Et je crois que leur mort, différée à demain,
Aurait porté le peuple à recourir aux armes.

. . . .

FABIAN.

O Dieux! votre puissance est aujourd'hui bornée!

. . . .

Garde, allez enfermer Sébastien en prison :
Il faut qu'à l'Empereur j'en dise la raison.

SÉBASTIEN.

Ne crains pas, Fabian, que je te sois contraire :
Fais-moi donner la mort, je saurai bien me taire.
Avance mon supplice, enfin, et qu'aujourd'hui
Je passe à mon Sauveur, et m'unisse avec lui.

FABIAN.

Tu dépens de ton prince, il faut qu'il en ordonne.

SÉBASTIEN.

L'arrêt de mon trépas vaut mieux que sa couronne.

Il est temps de dire quelques mots de l'auteur de l'*Amazone chrétienne*, le père Jean-Marie de Vernon. C'était un homme si retiré et d'une si grande modestie, qu'on ne sait ni la date de sa naissance, ni son nom de famille, ni aucune particularité de sa vie. Tout ce qu'on en peut apprendre, c'est qu'il est né à Vernon, dans le département de l'Eure, au commencement du dix-septième siècle, et qu'il est mort vers 1670. On lui doit plusieurs ouvrages de littérature, de linguistique et d'histoire religieuse, entre autres une *Vie de saint Louis*, Paris, 1669, et l'*Histoire générale du Tiers-ordre de saint François d'Assise, avec la Vie des personnes illustres qui y ont fleuri*, Paris, 1667. Pour dresser la liste exacte de tous ses écrits, latins et français, lesquels sont tous pleins d'élégance et d'érudition, mais très-difficiles à rencontrer, de catégories trop diverses, et n'offrant presque jamais d'autre indication d'origine que les initiales P. J. M. D. V., il faut consulter le père Le Long, et surtout le Père Jean de Saint-Antoine, auteur de la *Bibliotheca universa franciscana*, Matriti, 1732-33, en 3 vol. in-fol. Ce savant Religieux y fait l'éloge du Père Jean-Marie, et donne le catalogue de la plupart de ses ouvrages, dont le plus rare est incontestablement celui que nous remettons en lumière. On ne pouvait déjà plus le découvrir en 1679; et l'on n'en parlait que par ouï-dire.

M. Ed. Frère, dans son important *Manuel du Bibliographe normand*, n'a pas omis l'*Histoire du bienheureux Raymond Lulle, martyr,* 1668, parmi les œuvres du Père Jean-Marie: mais il n'a pas di;

un mot de l'*Amazone chrétienne*, dont M. Th. Lebreton, auteur de la *Biographie normande*, défigure ainsi le titre : *Les Aventures de mademoiselle de Balmon*. Le premier n'en savait donc pas même l'existence, et M. Lebreton ne l'avait point vue.

C'est un volume petit in-12, imprimé en 1678, chez Méturas, et composé de 312 pages, sans compter 12 feuillets pour le titre, l'Epître à la sainte Vierge, l'Avertissement, la Table des chapitres, le Privilége, la Permission et l'Approbation. Je me suis servi du seul exemplaire que l'on connaisse de ce livre précieux : il est à la Bibliothèque du Roi, sous la lettre Ln 27, 18, 234. Je ne pense pas que jamais personne l'ait pu examiner, jusqu'à présent, que le Père Desbillons. « Cet ouvrage, écrivait-il en « 1773, est rare et très-peu connu : il n'en est fait « mention dans presqu'aucun des Catalogues les « mieux fournis de ce qui appartient à l'Histoire « de France. Il contient cependant des faits cu- « rieux et intéressants (1). » Oui, certes, et ces faits charmèrent et étonnèrent si fort nos aïeux, qu'on usait en peu de jours les pages où ils étaient racontés ; de sorte que l'opuscule même du Père Desbillons a tout à fait disparu. Dans sa nouveauté, il fut considéré par Fréron comme la révélation d'une merveille inconnue jusqu'alors.

(1) Préface de l'*Histoire*, etc.

Que si l'on demande pourquoi Desbillons, au lieu de composer un abrégé de cette histoire trop élégant, trop serré et compassé, trop dépourvu, en un mot, de grâces naïves, n'a pas fait réimprimer l'*Amazone chrétienne*, je ne feindrai pas de répondre, et avec assurance, qu'il ne l'osa point. Il y avait, de son temps, un tribunal terrible à satisfaire, et ne pouvait imprimer qui voulait, ni ce qu'on voulait, surtout pour ce qui regarde la foi catholique. Il fallait ménager, manipuler les textes, et les *accommoder*, disait-on, *au goût du temps* — le temps de Voltaire — pour peu qu'on ressentît de crainte d'être banni de la République des lettres. Or, sous la présidence de ce maigre Apollon, le *goût* ne consistait guère qu'à réduire la représentation de toutes choses en squelette. La méthode n'en était pas malaisée : dans les livres de dévotion, par exemple, on faisait bien d'omettre l'amour de Dieu, le nom de la sainte Vierge, les méditations et prières, et l'on devait repousser absolument, malgré qu'on en eût, les miracles ; à cela près, il semblait permis de se rendre chez l'imprimeur : dans les divers écrits, en général, le grand soin de l'artisan ès-lettres était de prendre un air d'abandon, pour le style, et d'éviter les menus détails qui trahissent les préoccupations de la *Musa pedestris*. Pas de réflexions non plus, quelque judicieuses qu'elles fussent, et pas un cri naturel de l'âme : les ouvrages mêmes d'imagination pouvaient se passer d'imagination et de cœur.

Dieu sait ce qu'ils jugèrent, gâtèrent, élaguèrent, et le reste. Ce fut alors qu'on alla même juger, tailler et couper chez les voisins.

On *commenta*, de la manière que vous savez, Corneille. On *corrigea* le style de saint François de Sales, en même temps que celui de la reine de Navarre, à laquelle, pour la rendre plus nettement licencieuse, on ôta ses prologues et épilogues. Le traducteur d'un charmant traité mystique de Bellarmin, *De gemitu columbæ*, n'osa point y laisser la longue et curieuse narration de deux âmes du purgatoire. Fiedling, au commencement de chacun des dix-huit livres de *Tom Jones*, avait mis une introduction plus spirituelle, plus instructive et plus morale que son récit[1]; et, par cette raison apparemment, on sevra *Tom Jones* de ses dix-huit préambules. Et le pauvre *Robinson Crusoé*, pouvait-il trouver grâce devant l'Aréopage des mulets ? son auteur, Defoë, bon protestant (c'est le cas de dire que les bons sont les meilleurs) croyait au diable, à ses tentations et à ses autres œuvres ; il fondait toute morale sur la doctrine chrétienne, qu'il faisait enseigner, dans *Robinson*, par un prêtre catholique : tout cela embarrassait fort, et scandalisait ; mais Feutry parut, Feutry se chargea de rendre à Robinson l'innocence, en lui suppri-primant tout net le diable et le catéchisme.

Comment donc un pauvre religieux pénitent

pouvait-il être bienvenu, avec un volume dédié à la sainte Vierge, où sont racontées, sans précipitation et sans drôlerie, tant d'historiettes purement catholiques et rustiques, et constamment accompagnées d'actes de foi, d'espérance et de charité ? Non, décidément, le Père Desbillons n'était pas en état d'affronter, avec une œuvre pareille, les feux croisés des critiques de ce temps-là. C'était charité pour la mémoire du Père Jean-Marie, et c'était bien fait pour le public libertin, que celui-ci fût privé de l'*Amazone chrétienne*.

Mais nous sommes, sur quelques points, beaucoup moins bêtes que le public et les littérateurs et les libraires du dix-huitième siècle. Si l'on croyait alors devoir négliger les détails, « aujourd'hui, « dit Sainte-Beuve, nous ne pensons plus ainsi. Ces « petits faits qui appartiennent à un ancien monde « disparu, et qui nous le représentent dans une « entière vérité, nous plaisent et nous attachent : à « une distance médiocre, ils pouvaient sembler su- « rabondants et superflus ; à une distance plus « grande, ils sont redevenus intéressants et « neufs (1). »

La relation de l'aimable Franciscain se trouve donc intégralement reproduite dans notre volume. Nous n'y avons point changé la disposition des ma-

(1) Notice, en tête des Mémoires de Motteville. *Paris,* 1855.

tières, ni *accommodé* les réflexions et le style *au goût de ce temps*. Cet ouvrage, d'ailleurs, étant bien écrit, qu'importe au lecteur qu'il y rencontre des façons de parler d'une autre époque, des latinismes, quelques termes singuliers dont nous donnons, du reste, l'explication au bas des pages, deux ou trois constructions vicieuses, enfin l'emploi fréquent de ces formes conjonctives *devant que*, *durant que*, et autres semblables, puisqu'il faut bien, après tout, laisser et *tolérer* les mêmes expressions et usages dans les écrits de Bossuet, de Pascal, de Vaugelas, de Descartes et de Sévigné ? Notre auteur avait fait une étude approfondie de la grammaire latine, et aussi, comme on le verra bien, de la française. Presque rien, dans ses phrases n'a vieilli. On peut observer même que, pour le naturel des figures et du tour, aucun de nos contemporains, dans les mêmes sujets, ne saurait mieux dire. Ne croirait-on pas que c'est tout à l'heure qu'il a écrit les dernières lignes de son épitre à la sainte Vierge? « Reine des anges et des « hommes, obtenez, s'il vous plaît, pour l'Eglise et « pour la France, les palmes et les olives, la dé« route de leurs ennemis et la tranquillité publique. « Demandez à Dieu l'union durable et permanente « des princes chrétiens, l'extirpation des hérésies, « la conservation de la personne royale de Louis « le Grand et de toute sa famille, à longues an« nées. Que l'Eglise, par vos intercessions, re-

« prenne son ancien lustre; qu'elle porte la lumière « de l'Evangile par tout le monde; bref, que les « prospérités de la France croissent de jour en jour. « Ainsi les souhaits de l'Amazone et les nôtres « auront leur accomplissement. »

Quant aux élans de l'âme, aux considérations mystiques, il y en a beaucoup, il est vrai, dans ce livre. L'auteur semble n'avoir jamais abandonné qu'à regret quelque chose à la curiosité; chaque fait qu'il raconte a besoin, selon lui, d'un prologue; son *narré*, pour me servir d'une de ses expressions habituelles, est souvent enchâssé dans des réflexions pieuses, et quelquefois bien longues. Mais j'estime qu'il n'y faut point toucher. C'était la méthode aussi de saint François de Sales, conteur par excellence, et qui, pourtant, ne présentait le moindre événement que comme accessoire, comme démonstration extrinsèque d'une vérité intéressante pour l'âme. Cette méthode fut adoptée, au commencement du dix-septième siècle, dans l'éducation morale des enfants de bonne maison. Leurs pères, même protestants, n'auraient point souffert qu'ils fissent des lectures plus allégées, et, comme nous dirions, plus *curieuses*. Les Turenne et les Condé furent nourris de cette moelle substantielle et saine, qu'on ne jugeait point trop indigeste pour les jeunes esprits d'alors. La France ne s'en trouva pas mal. En effet, dans le temps que parut le duc d'Enghien, qui fut assez grand homme pour inspirer le chef-d'œuvre d'un Bossuet, on vit surgir aussi, de toutes parts, les prodiges de vertu et de génie, et, comme dit l'Orateur, les *âmes guerrières et intrépides.*

RENÉ MUFFAT.

AVERTISSEMENT DE L'AUTEUR.

Les ouvrages que l'on expose en public sont d'autant plus estimables, que l'utilité en est plus commune, et que plus de personnes en profitent. L'histoire présente, mon cher lecteur, a cet avantage, qu'elle procure le bien de tous ceux qui la veulent lire, s'ils ont vraiment dessein de devenir gens d'honneur et de mérite. Les âmes dévotes y apprennent les règles de la dévotion et l'exercice des vertus. Les indévotes en doivent être édifiées, puisqu'elles y trouvent des motifs et des maximes, pour corriger leurs défauts et pour régler leur vie.

Les hommes, à qui l'art militaire semble mieux convenir, doivent être persuadés que la guerre n'est pas incompatible avec la piété, vu que Mme de Saint-Balmon a très-bien accordé l'une avec l'autre. Les femmes, que l'on pense éloignées des exploits guerriers par leur sexe, ont sujet d'inférer que, si leur condition les y rend moins propres, elle ne les en rend pas entièrement incapables, et que, si les mêmes raisons qui ont fait combattre notre Amazone chrétienne les portaient à cet emploi, elles seraient obligées d'observer sa manière de vivre.

« On me reprend, dit saint Jérôme, de ce que « j'écris quelquefois aux femmes. Si les hommes « s'enquéraient de l'Ecriture sainte, je ne parlerais « pas aux femmes : si Barach eût voulu aller au « combat, Débora n'eût pas triomphé des ennemis « vaincus : Jérémie est renfermé dans une prison ; « et, parce que les enfants d'Israël, qui étaient me- « nacés de leur ruine dernière, n'avaient pas reçu, « mais négligé ce grand prophète, Olda, femme « forte, les prêchait. Les apôtres s'enfuyant au « temps de la passion de Jésus-Christ, Magdeleine « pleurait au pied de la Croix (1). »

Mme de Saint-Balmon, voyant les peuples des frontières de sa province abandonnés à la merci et

« (1) Plerique reprehendunt, quòd interdùm scribam « ad mulieres: si viri de scripturis quærerent, mulieribus « non loquerer : si Barach ire ad prælium voluisset, De- « bora de victis hostibus non triumphasset : Jeremias « carcere clauditur, et quia periturus Israël virum non « receperat prophetantem, Olda eis mulier suscitatur : « fugientibus apostolis, Maria plorat ad crucem. »

Sanctus Hieronymus in expositione.
Psalm. 44.

à la furie des ravageurs, sans qu'aucun homme les assistât, les a secourus dans leur besoin. Les Temples étant profanés, les sacrements n'étant point administrés, les corps morts demeurant sans sépulture, bref, toutes les fonctions ecclésiastiques ayant cessé, l'Amazone chrétienne remédiait à tous ces désordres, par ses charitables soins, et par ses armes toujours victorieuses, avec la bénédiction de Dieu.

Qui donc peut trouver à redire à tant de bonnes œuvres, quoiqu'elle s'appliquât, pour les exécuter, à des exercices qui semblent peu convenables aux femmes? La consolation des affligés, la subsistance des pauvres, la vénération des autels, qu'elle procurait par ce moyen, bref, sa pieuse et sage conduite, l'autorisent et lui servent d'approbation.

Permission du Très R. P. M. Provincial.

Nous soussigné Ministre Provincial des Religieux Pénitents du Tiers-Ordre de saint François de la Province de Saint-Yves en France, permettons au P. J. M. D. V., Religieux de notre même Ordre et Province, de faire imprimer un livre intitulé : L'*Amazone chrétienne, ou les Aventures de madame de Saint-Balmon*, par lui composé et vu par le Docteur député pour lire les livres, et par deux de nos anciens Lecteurs en Théologie. Fait à Paris en notre Couvent de Nazareth près le Temple, ce 9 de janvier 1678.

Fr. PAULIN D'AUMALLE,

Ministre Provincial.

Approbation des Théologiens de l'Ordre.

Nous soussignés anciens Lecteurs en Théologie, Religieux Pénitents du Tiers-Ordre de saint François de la Province de Saint-Yves en France, certifions, qu'après avoir lu un livre intitulé : L'*Amazone chrétienne, ou les Aventures de madame de Saint-Balmon,* composé par le P. J. M. D. V., Religieux de notre même Ordre et Province, nous l'avons jugé digne d'être mis en lumière, parce qu'il est orthodoxe, et contient d'excellentes pratiques de vertu, dont les fidèles doivent être grandement édifiés. Fait à Paris en notre Couvent de Nazareth près le Temple, ce 9 de janvier 1678.

Fr. Celse de Toulouse.
Fr. Urbain de Saint-Richard.

A

LA SAINTE VIERGE MARIE

Reine du Ciel et de la Terre,

Je ne saurais me dispenser de vous dédier ce petit ouvrage. La dévotion que vous a toujours portée la personne qui en est le sujet, et la vie qu'elle a menée, sont autant de justes titres qui m'y obligent. L'usage de son épée ayant été soutenu par la consécration qu'elle en a faite à votre service, l'emploi de la plume qui raconte ses exploits, vous appartient avec justice.

La dignité suréminente de Mère du grand Dieu des armées, m'est encore une puissante obligation de vous offrir l'histoire d'une Amazone chrétienne, qui vous révérait singulièrement, comme le modèle de ses actions et la maîtresse de sa conduite.

Bien que vous n'ayez jamais exercé le métier de la guerre, vous ne dédaignez pas l'offre que j'ose vous faire, du narré des travaux de votre pieuse servante, qui a combattu vaillamment pour la défense des autels de votre divin Fils, pour le soulagement des pauvres et pour l'augmentation de votre gloire, par vos ordres et sous vos auspices.

Oui, par vos ordres et sous vos auspices, Auguste Impératrice des anges et des hommes, vu que, son cœur s'efforçant d'imiter vos vertus, en même temps que sa main défendait vos intérêts, elle attirait vos lumières et vos inspirations, qui l'ont rendue triomphante de vos ennemis, autant qu'elle était victorieuse d'elle-même.

Si elle n'avait répandu que du sang, et si elle avait fait seulement des carnages, ses palmes seraient toutes flétries, et ses lauriers n'auraient ni odeur ni verdure : ils ne seraient aucunement glorieux; et je n'oserais pas vous les présenter en ce chétif état. Mais, parce que ses combats n'ont point eu d'autre feu que celui de la charité, et qu'au lieu de répandre seulement le sang des perturbateurs du repos public, elle a plutôt versé le sien, qui devenait un doux lait, par la subsistance qu'elle fournissait à vos enfants, j'espère que mon dessein et mes hommages vous seront agréables.

Les armes qui sont employées pour l'avancement de la Religion et pour l'assistance des pauvres, vous agréent tellement, que vous voulez bien en être estimée le chef et la modératrice. Vous voulez bien que l'Eglise, après vous avoir attribué la clarté de l'Aurore naissante, la beauté de la Lune, la splendeur du Soleil, vous appelle aussi et vous reconnaisse terrible comme une armée rangée en bataille.

Ce glorieux titre vous est donné par le Saint-Esprit, qui, vous ayant comparée à la Tour de David, flanquée de bastions et de redoutes, déclare que les boucliers, les casques, les corselets et les cuirasses, les piques et les lances, vous environnent de tous côtés, afin que les Chrétiens, se mettant sous votre protection, trouvent à vos pieds de quoi s'armer contre leurs adversaires visibles et invisibles.

Ces instruments de guerre n'ont rien d'affreux ni de triste, auprès du Trône où vous êtes assise.

Tout y est charmant et délectable par la douceur de vos attraits, qui allèchent les esprits les plus rebelles, et qui encouragent les plus timides. Votre règne ne fait point d'esclaves: tous vos serviteurs deviennent Rois, par l'abondance des faveurs que Dieu leur communique en votre considération.

Ce sont ces braves Chrétiens qui entourent le Trône du mystique Salomon, et qui ont une force et une vaillance dont les plus forts et les plus vaillants Israëlites n'approchent pas. Ils sont merveilleusement aguerris, ayant toujours l'épée, non pas au côté, ni dans le fourreau, mais nue et luisante, entre les mains, et dans la disposition de combattre.

Notre Amazone étant de cet illustre nombre, il ne faut pas s'étonner des conquêtes si heureuses qu'elle a faites, pour étendre les limites de l'empire de Jésus-Christ.

Tout ce qui paraît dans sa conduite, ne promet que

des victoires et des triomphes ; tout y est environné de trophées. Sa personne même est un palmier chargé de tous les plus beaux fruits d'honneur et de mérite.

L'olivier de la paix y mêle aussi ses rameaux, parce que l'Amazone chrétienne imite les enfants d'Israël, qui firent ce mystique mélange, jetant confusément à terre les branches de ces arbres, pour honorer Notre-Seigneur, lorsqu'il entra dans Jérusalem, peu de jours avant sa mort. En effet, l'Amazone, réprimant ses passions avec ardeur, réglait si bien sa vie, qu'elle était autant vertueuse et dévote que courageuse et magnanime; autant favorable aux gens de bien et aux pauvres, que terrible à ceux qui outrageaient les peuples et qui profanaient les Temples.

Reine des anges et des hommes, obtenez, s'il vous plaît pour l'Eglise et pour la France, les palmes et les olives la déroute de leurs ennemis et la tranquillité publique. Demandez à Dieu l'union durable et permanente des Princes chrétiens, l'extirpation des hérésies, la conservation de la personne Royale de Louis le Grand, et de toute sa famille, à longues années. Que l'Eglise, par vos intercessions, reprenne son ancien lustre; qu'elle porte la lumière de l'Évangile par tout le monde; bref, que les prospérités de la France croissent de jour en jour. Ainsi les souhaits de l'Amazone et les nôtres auront leur accomplissement.

L'AMAZONE CHRÉTIENNE

OU LES

AVENTURES DE MADAME DE SAINT-BALMON.

CHAPITRE PREMIER.

Sa naissance et ses parents.

Salomon, demandant, en ses Proverbes : *Qui pourra trouver une femme forte?* a raison de parler de cette manière, pour montrer que cette rencontre est difficile, parce qu'on ne trouve pas aisément ce qui est rare. Si la véritable force n'est pas commune parmi les hommes, on ne la doit point croire plus ordinaire entre les femmes, qui leur cèdent volontiers la gloire de cette qualité.

Après que le Sage a fait cette demande, il répond que la femme forte est un diamant de haut prix, et qu'il faut aller bien loin pour le trouver. Ce n'est donc pas un trésor tellement caché, que, par le travail de la recherche, on n'y puisse enfin parvenir.

Il n'est pas besoin de se transporter dans les Royaumes étrangers, pour faire cette heureuse découverte. Notre France est également féconde en personnes généreuses (1) de l'un et de l'autre sexe. Je commence maintenant une histoire qui prouve cette vérité, déduisant les actions d'une dame incomparable, pour avoir si bien joint la valeur à la piété.

Elle naquit à Neuville, dans le Verdunois, l'an 1607, le quatorzième de mai. Son père, gentilhomme considérable, et Chambellan de Son Altesse de Lorraine, s'appelait Simon d'Ernecourt; et sa mère, Marguerite Housse de Vatronville : tous deux remarquables dans leur province, pour leurs mérites personnels, et pour la grandeur des Maisons dont ils descendaient. Le nom d'Alberte-Barbe lui fut imposé au baptême, qui ne fut point différé.

Simon d'Ernecourt, grand'père de celle

(1) Pour *courageuses*, et d'un noble naturel.
(R. M. — *Toutes les notes sont du nouvel éditeur.*)

de qui nous parlons, était Chevalier, seigneur de Remicourt, la Neuville-au-Bois, Vaux-le-Grand et le Petit, Neuville-en-Verdunois, Brouxeyen, Blaye, Vatrombois, Saizé, Communières, Vauldeville. Son gouvernement de Vaucouleur, et sa qualité de Gentilhomme ordinaire de la Maison du Roi, l'ont toujours attaché au service de la France. Son cœur était tout royal et tout français. Il fut pourtant, dans la dernière année de sa vie, Gentilhomme de la Chambre du duc de Lorraine ; mais avec une telle prudence, qu'il était fidèle et agréable aux deux princes. Il mourut âgé de soixante et douze ans, l'an 1612, ayant épousé Barbe de Beurges, dame fort qualifiée (1), qui sortit de ce monde onze mois devant son mari, en 1611, dans sa soixante et onzième année.

Le père de notre Amazone était pareillement Chevalier, seigneur de Neuville en Verdunois, Gibaumaix, Vatrombois, Vaux le Grand et le Petit, et Chambellan de Henri,

(1) Ayant beaucoup de titres.

duc de Lorraine. Il décéda l'an 1626, dans sa cinquante-troisième année; et sa femme, en 1642, âgée de cinquante-deux ans. Leur fils, nommé Nicolas d'Ernecourt, le premier fruit de leur mariage, ne vécut pas longtemps, et laissa Barbe-Alberte d'Ernecourt, sa sœur, unique héritière des biens de leur Maison. Ses richesses n'égalaient point sa vertu, dont elle a produit des actes remarquables, même dès son enfance, lesquels faisaient espérer ce qu'on a remarqué en sa conduite, le reste de sa vie.

Elle reçut de la nature, avec un sang noble, un corps bien fait, un cœur capable des hautes entreprises, un esprit éclairé et des inclinations fort droites. Comme elle était surtout née vaillante, et que sa complexion ardente ne s'accommodait pas d'une vie oisive, elle embrassa avec le temps l'exercice des armes, par divertissement ou par étude, sans dessein d'en faire son occupation. Elle avait le génie vif, l'âme forte, et tous les sentiments élevés et généreux. Elle n'était pas extrêmement belle; mais il paraissait sur son visage, et en toute sa personne, je ne sais quoi de grand, de doux et de ferme mêlé ensemble, qui valait mieux que de la beauté. On verra, en un mot, dans la suite de cette histoire, que tout était sublime dans notre Barbe-Alberte d'Ernecourt : l'esprit, le courage, la piété. Elle a fait, tout à la fois, des choses dignes d'une sainte dame et d'une courageuse guerrière.

CHAPITRE II.

Son éducation et son mariage.

Quand les arbres commencent à pousser des bourgeons, il y a grand danger que les injures du temps ne les fassent périr, à cause de leur faiblesse. On ne doit jamais être plus soigneux des enfants, que lorsqu'ils sont dans l'âge le plus faible. Leur esprit, en cet état, ayant besoin d'instruction, pour connaître son devoir et pour le réduire en pratique, si on manque à la leur donner, il en arrive des suites fort dangereuses.

L'histoire, parlant d'un fameux prince de l'antiquité, veut persuader que si on en juge sainement, on trouvera que ses vertus lui venaient de la nature ; et ses vices, ou de la fortune ou de l'âge. Mais je soutiens que la nature corrompue n'est pas assez heureuse pour nous donner des vertus parfaites. Elle est, pourtant, assez vigoureuse, quelquefois, pour nous faire naître d'un tempérament qui nous facilite la pratique du bien. Cette disposition naturelle est un puissant avantage pour devenir parfaitement vertueux, lorsque nos parents et nos maîtres, y joignant leurs soins, pour corriger nos défauts, ajoutent les derniers traits qui sont nécessaires à notre perfection.

A peine la petite Alberte commençait à respirer, qu'une de ses tantes du côté paternel, nommée Barbe d'Ernecourt, eut le soin particulier de sa conduite. On l'appelait communément Mme d'Estrepis, qui est une terre proche de Vitry-le-Français, où elle faisait sa demeure ordinaire. Le choix de cette personne fut heureux ; et ce bonheur parut évidemment dans la parfaite éducation de la jeune fille, qui profitait beaucoup de l'exemple et des conseils qu'elle reçevait de sa tante.

Ses bonnes qualités éclataient à mesure qu'elle croissait en âge : on y remarquait autant d'inclination à la vertu que de vigueur d'esprit et de lumière. Plus la tante parlait et instruisait, plus la nièce devenait vertueuse. Tous ceux qui voyaient cette fille, si bien née, et si agréable, l'admiraient et la chérissaient : tout le voisinage accourait, pour la considérer et entretenir. Cet agrément universel l'a toujours accompagnée. Neuville en Verdunois, qui a été son séjour plus long et plus ordinaire, était rempli de monde, qui y venait pour la même raison.

Ayant passé quatorze ans à Estrepis, sous la direction de sa chère tante, son père l'accorda en mariage, sans qu'elle en sût rien. Le secret fut si étroitement gardé, dans cette occasion, que la jeune demoiselle n'avait pas vu le gentilhomme qu'on destinait pour son époux. Mme d'Estrepis, qui ignorait l'affaire, s'en piqua, lorsque M. de Neuville vint quérir sa fille, pour achever son dessein.

La tante se plaignait justement de ce que, l'éducation de sa nièce lui ayant été commise, dont elle s'était acquittée avec toute la vigilance possible, on ne devait pas lui soustraire la connaissance d'un tel engagement. Elle avait intention de la marier à un brave cavalier de ses voisins, qui, sachant ce changement, ne perdit pas l'espérance de l'heureux succès de son entreprise.

La nouvelle accordée montra, dès lors, sa prudence. Ayant appris que celui-ci était pleinement informé de ce qui se passait, elle conjura M. son père de partir devant son arrivée, de peur qu'il n'arrivât du désordre et du malheur. En effet, le sieur de Saint-Balmon, à qui elle était promise, étant présent, l'entrevue n'en pouvait être que sanglante et funeste.

La discrétion de cette demoiselle de quatorze ans n'a pu être oubliée, et mérite des louanges. Son obéissance aussi aux volontés de son père, qu'elle préfère aux inclinations d'une tante qui l'avait tant chérie et tant caressée, est digne que l'on s'en souvienne, avec d'autant plus de justice, que la raison et le jugement la gouvernaient dès lors, et la faisaient agir, malgré la faiblesse de son âge. La rencontre des deux rivaux, qui se fit à une lieue d'Estrepis, ne causa rien de fâcheux. La présence du père calma les esprits ; et il n'y eut aucune apparence de querelle. Par une bénédiction particulière de Dieu, toutes les dispositions de disputes s'anéantirent, et n'eurent aucun effet.

Malgré les efforts de quelques-uns, qui voulaient empêcher cette alliance, notre Alberte-Barbe d'Ernecourt, âgée de quatorze ou quinze ans, épousa celui qui agréait à son père, l'an 1624, le 29 février. Il s'appelait Jean-Jacques de Haraucourt, seigneur de Saint-Balmon, Sandaucourt, Saint-Max. Sa naissance et ses belles qualités le mettaient en une haute réputation, et le rendaient digne d'une telle femme, qui accrut, par son alliance, la réputation de son mari.

CHAPITRE III.

Sa conduite dans son mariage.

Bien que l'abondance des enfants soit marquée, dans l'Écriture sainte, comme une faveur du Ciel, les familles qui en ont peu, ou point du tout, ne sont pas moins favorisées ; Dieu le voulant ainsi, ou pour faire mériter les parents, par la souffrance d'une privation qui les afflige, ou pour les dispenser des peines que l'on souffre à les élever, afin qu'ayant plus de repos, ils s'emploient entièrement au service de Dieu et à la défense de la Patrie.

Barbe d'Ernecourt s'est comportée de cette manière. Quoiqu'elle ait eu deux fils, on ne fait mention que du second, l'aîné, qui se nommait Dominique, ayant vécu seulement deux jours. L'autre porta le nom de Philippe-Barbe, étant né l'an 1630, le 27 avril. Elle mit encore au monde une fille, appelée Marie-Claude de Haraucourt, laquelle épousa, à quatorze ou quinze ans, Messire Louis des Armoises, Damoiseau de Commercy, seigneur de Fougeroles, de Jauny, etc., dans l'année 1646. De ce mariage est venu un fils, qui s'appelle Albert des Armoises.

Toutes les marques qui distinguent et relèvent les familles au-dessus du commun, se rencontrent en celle des Armoises, dont les ancêtres et leurs successeurs ont paru, jusqu'à présent, avec éclat, dans le monde. On les croit descendus des Comtes et des grands Forestiers de Flandre, d'où ils ont passé en Lorraine. Les trois branches d'Aunay, de Jauny et d'Hanoncelles, qui portent ce nom, sont de l'anciennne Chevalerie de Lorraine, ayant toujours vécu dans la splendeur digne de leur naissance. Leurs alliances sont remarquables. Un gentilhomme de cette Maison épousa une princesse de Lorraine; et l'histoire fait mention d'un Collart des Armoises, qui se vit en état et en pouvoir de faire la guerre, il y a 400 ans, au duc de Bar: leur traité de paix se trouve insinué au Greffe du Baillage de Bar, dans toutes les formes.

Louis des Armoises, duquel nous parlons, est issu de cette famille, par la branche de Jauny ; et il possède encore l'ancienne et belle qualité de Sénéchal de Lorraine.

Les bénédictions des gens de bien ne sont pas renfermées dans leurs seules personnes ; mais elles se répandent sur ceux qui en sont descendus, pourvu qu'ils imitent les vertus et qu'ils s'efforcent de participer aux mérites de leurs prédécesseurs. Bien que Barbe-Alberte d'Ernecourt ait reçu plusieurs grâces de Dieu, celle d'avoir suivi l'exemple de ses ancêtres, et même de les avoir surpassés de beaucoup, doit être hautement louée. Or, sa bonne conduite dans son mariage n'est pas la moindre de ses perfections.

Son mari, brave et adroit gentilhomme, avait fait des dépenses extraordinaires, pour paraître à la cour de son prince et dans les armées : il était fort incommodé dans ses affaires, devant que d'entrer en ménage. Sa femme, quoique nouvellement mariée, ne se rebuta point de cet embarras : elle employa volontiers l'argent qu'elle apportait, pour régler sa maison et payer les dettes qu'elle n'avait point faites.

M. de Saint-Balmon avait un frère chevalier de Malte, et une sœur chanoinesse de Remiremont. Le père et la mère étant décédés, tout le soin tombait sur la jeune épouse, qui, non contente de sacrifier son propre bien pour débrouiller et éclaircir les affaires de son époux, l'appliquait encore à la subsistance du frère et de la sœur. Elle fournissait leur pension, et tous leurs besoins ; bref, elle les aimait tendrement comme ses enfants. Cette tendresse ne s'arrêtait pas sur les lèvres, ou dans ses paroles, ni dans des caresses vaines et faibles ; mais elle passait jusqu'aux effets visibles et solides, que tout le monde admirait.

Durant l'espace de cinq ou six ans, que son mari demeura avec elle, il dépensa plus de deux cent mille francs barrois. Néanmoins, cette femme forte pourvoyait à tout, avec une adresse non pareille : les créanciers étaient satisfaits, la table entretenue splendidement, les serviteurs avaient leur compte, les mendiants n'étaient jamais refusés, les pauvres honteux et les malades de son logis et de ses terres étaient merveilleusement soulagés.

M. de Saint-Balmon étant prisonnier de guerre du Rheingrave Otho Louis, qui mena cinq cents cavaliers Suédois au Roi Louis XIII, l'an 1633, les vingt-deux mille francs de la monnaie de Lorraine qu'il fallut fournir pour rançon de l'époux, n'étonnèrent point la constante et libérale épouse : elle ne manqua pas de les envoyer aussitôt, pour la délivrance de celui auquel Dieu l'avait attachée par le sacré lien de mariage. Il ne pouvait pas retourner à la guerre sans un équipage nouveau, qu'elle fit préparer en moins de rien, dans l'ordre et la magnificence.

Son accommodement à l'humeur de son mari est beaucoup plus digne d'admiration que sa prévoyance et son économie. Il était estimé l'un des braves de son siècle, et ne respirait que les combats et les occasions de paraître : il était, néanmoins, fort chagrin et mélancolique. Comment donc l'épouse, si gaie et si enjouée de son naturel, pouvait-elle vivre paisiblement avec lui? Sa complaisance charitable et prudente ravissait tous ceux qui en étaient témoins, et charmait particulièrement l'époux qui admirait la force, et l'égalité de son esprit.

Quand la mélancolie prédomine, il est bien difficile de n'être pas quelquefois bizarre et changeant. Ceux donc qui conversent ordinairement avec des humeurs de cette trempe, n'ont pas peu de peine à s'y accommoder. Il faut avoir un merveilleux empire sur ses passions, pour rire ou devenir sérieux avec un mélancolique, qui est sujet au changement, selon la diversité des conjonctures.

Mme de Saint-Balmon observait exactement les inclinations de son mari, pour s'y conformer. La Cour, où il était souvent, n'y attirait point son épouse, parce qu'elle savait qu'il la voulait à la campagne, et dans le ménage. Une princesse, qui connaissait le mérite et les agréables qualités de Barbe d'Ernecourt, employa tout son crédit pour l'engager, par quelque charge considérable, à suivre la duchesse de Lorraine. Elle persévéra néanmoins toujours dans la vie champêtre. C'est merveille qu'une dame, qui avait toutes les dispositions imaginables à l'air du grand monde, en ait pourtant sans cesse témoigné de l'horreur, pour complaire à un mari qui ne l'y appelait pas. Son esprit, quoique généreux naturellement, n'aurait pas eu tant de force, sans la grâce qui fortifiait la nature.

CHAPITRE IV.

Continuation du sujet précédent.

La retraite est avantageuse à ceux qui l'aiment, par le bon usage qu'ils en font, ayant soin de la cultiver, et d'en rendre tous les moments utiles par les bonnes œuvres, et agréables par les honnêtes divertissements. La solitude et la demeure des champs ont leurs exercices particuliers, que notre Alberte réglait admirablement. Sa dévotion, sa prudence et sa générosité ont éclaté partout. La grâce, qui perfectionne la nature sans la détruire, ne lui ôta point certaines inclinations, qui sont extraordinaires aux femmes; mais elle les modéra tellement, qu'elles ont servi à la gloire de Dieu, au soulagement des misérables et à l'utilité publique.

C'est une chose assez rare, de voir ensemble tant de feu et tant de sagesse. Elle pensait beaucoup, parlait peu, ne négligeait rien, s'informait de tout; elle aimait les gens de bien, les hommes savants et les excellents ouvriers, de quelque nation qu'ils fussent : magnifique envers les uns et les autres, infatigable au travail, froide dans le péril, ferme dans la mauvaise fortune, modérée dans la bonne, habile à cacher ses desseins et à découvrir ceux des autres qui lui étaient contraires.

Son esprit vif, curieux et habile avait besoin d'occupation. La campagne ne lui en présentant point d'assez fortes pour l'assujettir et l'arrêter, ce ne lui était pas un médiocre sujet de déplaisir. Elle surmonta néanmoins cette peine, se formant des emplois (1) convenables

(1) Les grands écrivains du dix-septième siècle ont

à son humeur, sans interrompre le soin du ménage.

Outre qu'elle avait l'âme toute martiale, et que sa grande passion était la chasse, l'usage des armes; outre qu'elle aimait naturellement les emplois de force, elle avait des principes de piété qui ne s'accordaient pas avec une vie molle et voluptueuse : elle évitait les galanteries et les parties de plaisir; elle avait pareillement une puissante inclination pour les Lettres. Son génie était pénétrant, sa mémoire heureuse, son jugement solide. L'histoire fut son étude principale : elle s'en fit une espèce d'exercice, lisant moins pour se divertir que pour s'instruire. Quelque attachement qu'elle y eût, et quelque satisfaction qu'elle y prît, elle étudiait encore plus les maximes de la piété, les joignant adroitement avec les règles de la bienséance; et même elle n'étudiait rien tant qu'un de ces beaux modèles de vertu que l'on trouve dans l'histoire.

La lecture, qui la divertissait beaucoup,

---

souvent usé de ce mot, pour signifier *occupations, fonctions, exercices*, etc.

remplissait aussi son esprit d'une infinité de belles idées, pour le réglement de sa vie. Comme elle se plaisait à la chasse et aux emplois qui demandent beaucoup d'action, les chiens et les chevaux lui étaient agréables. Son mari, adroit et intelligent en tout ce qui peut rendre un gentilhomme accompli, prenait plaisir à l'instruire de cette manière, d'autant plus volontiers qu'il la voyait encline et propre à ces exercices.

Jamais le Maître de l'Académie royale ne réussit mieux dans l'instruction des Pages de Sa Majesté et de tous ses autres écoliers. Le château du sieur de Saint-Balmon était une excellente école pour apprendre le métier de la guerre et le parfait usage des chevaux et des armes. Ce gentilhomme, plein d'honneur et de générosité, fort savant dans toutes les fonctions d'un brave cavalier, n'ayant qu'une seule personne à élever, qui était très-disposée, de son penchant naturel, à ces emplois, il ne faut pas s'étonner qu'elle y soit devenue en peu de temps si habile. Quand nous rencontrons des précepteurs pleins de lumière et d'expérience dans leur profession, nous y faisons un merveilleux progrès, si elle nous plaît, et si, avec l'inclination que nous y avons, nous en sommes capables par notre génie.

Alberte d'Ernecourt, montant tous les jours plusieurs fois à cheval, en présence de son mari, devint en moins de rien une illustre cavalière. Ce gentilhomme, n'ayant à conduire qu'elle seule, lui communiqua facilement sa perfection. Ils avaient tous deux l'humeur guerrière, et portée aux actions généreuses et mâles. L'époux, ravi de la correspondance admirable de son épouse en des choses qui ne sont pas ordinaires aux femmes, lui fournissait volontiers des armes les plus choisies, des chevaux les plus rares, pour toutes les occasions de combat et de chasse.

Il faut remarquer, ici, que la coutume de se travestir lui vint du commandement de son mari, qui l'y contraignit, ainsi qu'à tous les exercices de la guerre et des armes. S'ils marchaient ensemble par la campagne, il était en carosse et elle à cheval, afin que, la voyant en cette posture, il la dressât mieux par ses avis, qui étaient exécutés dans les conjonctures présentes. Ils chassaient toujours ensemble; et souvent on l'a vue tuer, étant à cheval, les lièvres, avec son fusil, au plus fort de leur course.

Bien que naturellement elle eût beaucoup d'affection pour ces exercices, néanmoins elle s'en détournait par vertu, dans la croyance qu'elle avait qu'ils font trop de bruit, et qu'ils causent des agitations qui ne conviennent pas aux femmes; de sorte qu'elle ne s'y est appliquée que pour obéir à l'autorité d'un époux, qui le voulait absolument.

La providence de Dieu en disposa de cette manière, pour mettre notre Amazone en état d'agir, comme elle a fait depuis, à la consolation de ses vassaux et au soulagement de son voisinage. La guerre continuelle qui a troublé son pays durant tout le temps qu'elle y a séjourné, y causait une désolation étrange. Mme de Saint-Balmon ne laissa pas de procurer le repos et la sûreté, non-seulement à Neuville et à ses autres terres, mais encore à ses voisins. Sans la peine qu'elle se donnait, sans son courage et son industrie, on n'eût jamais pu recueillir ni vin, ni grains, ni aucunes denrées : les bestiaux n'eussent jamais été conservés, ni la vie des habitants assurée.

Cependant, tout florissait et abondait dans sa maison et dans sa paroisse. Un pareil bonheur s'étendait à ceux qui se réfugiaient dans son château. La plus grande merveille consistait en ce que les personnes qui se mettaient sous sa protection, ne faisaient aucune dépense : elle n'exigeait d'eux aucune contribution; elle était courageuse et libérale tout ensemble. Nous verrons, dans la suite de cette histoire, les libéralités, en leur rang, qu'elle a exercées envers les particuliers, blessés ou malades, même envers des personnes de condition, réduites dans la misère par les infortunes de la guerre. Les églises, les prêtres, les religieux, les religieuses, et tous les pauvres, ont ressenti notablement les effets de sa charité.

CHAPITRE V.

Diverses rencontres où elle a signalé sa prudence, son zèle et sa piété.

Quoique la vertu ait de puissants charmes, qui attirent les plus vicieux à la désirer et à l'aimer, elle est néanmoins environnée d'épines et de difficultés, qui en découragent plusieurs, quand ils trouvent les occasions de la pratiquer. Mais ces peines, qui semblent rendre la vertu odieuse aux faibles et aux lâches, animent les hommes courageux à ne pas se désister de sa poursuite, jusqu'à ce qu'ils la possèdent en perfection. Notre Barbe d'Ernecourt a fait voir des effets de ce courage dans sa conduite.

Comme elle ne pouvait pas secourir tous les peuples (1) éloignés de ses villages, elle s'efforçait de compâtir à leurs calamités et à leurs besoins. Neuville, qui était le lieu de sa demeure ordinaire, jouissait, au milieu des armées qui allaient et venaient, d'une

(1) Toute la population.

tranquillité si heureuse, que les habitants y avaient la même liberté que dans la paix.

Ils se mariaient, traitaient réciproquement, et faisaient leurs assemblées sans trouble ni inquiétude. Leurs terres étaient cultivées, et ils serraient librement la récolte dans leurs granges. Mme de Saint-Balmon, néanmoins, ne leur permettait pas de danser au jour de la fête du Patron, comme c'est la coutume; elle leur défendait aussi cette pratique innocente dans leurs mariages. « Voudriez-vous « bien rire, leur disait-elle, durant que nos « voisins pleurent? Quelle cruauté de n'a- « voir aucun ressentiment du mal extrême « de notre prochain! Puisque Dieu nous « exempte du malheur commun par sa misé- « ricorde, la compassion charitable nous y « doit faire participer. »

La guerre fut déclarée le 19 mai 1635, entre la France et la Maison d'Autriche, par Jean Gratiolet, commis à la charge de Hérault d'armes de France, sous le titre d'Alençon, pour la prise de Trèves et de son Électeur, contre le droit des gens, par les Impériaux.

M. de Saint-Balmon, qui avait déjà pris le parti du duc de Lorraine, s'attacha à celui de l'Empereur. L'Amazone chrétienne, qui a toujours eu le cœur français, eut grande peine à supporter le choix que son mari faisait, et fit tous ses efforts pour l'attirer dans les intérêts de la France. Il fut prisonnier de guerre, et sa rançon coûta beaucoup. La généreuse Alberte, qui n'était pas complice de la faute de son époux, ressentait néanmoins vivement la douleur de sa prise. Elle eut aussi le soin de fournir de quoi le retirer. Pour ce sujet, elle vendit ses chevaux, sa bergerie, tous ses bestiaux et une partie de ses ameublements. Son égalité, dans ces occasions, ne souffrait aucune interruption, non plus que dans les frais immenses qu'elle fit, pour rétablir l'équipage du prisonnier, après sa délivrance.

Elle alla à Bouxière, auprès de Mme de Cherisez, sa tante, abbesse d'un monastère de Chanoinesses, où la sage d'Ernecourt demeura neuf mois, pour avoir loisir de remédier à ses affaires. Enfin, elle retourna à Neuville, où plusieurs de ses parentes, et d'autres dames et demoiselles vinrent, à sa prière, afin d'y être en repos et d'y subsister, durant que les armées pillaient et saccageaient tout aux environs. Elles séjournèrent là, et y vécurent heureusement, par ses grandes libéralités, jusques à l'année d'une peste effroyable, qui désola tout le pays. Sa chère tante, abbesse de Bouxière, qui s'était retirée à Neuville, étant attaquée de cette dangereuse maladie, Mme de Saint-Balmon s'enferma volontiers et se séquestra des autres, avec quelques personnes de service, pour assister sa bonne parente.

Tout ce que la malade avait de besoin, pour le corps et pour l'âme, lui était amplement administré. Quoiqu'il y eût un aumônier ordinaire dans le château de Neuville, notre charitable Alberte donna ordre que le père Carme déchaussé qui avait sollicité (1) les pestiférés à Bar, accourût auprès d'elle, et ne l'abandonnât point. Sa peste était en l'une de ses mâchoires, et le charbon à l'autre.

(1) Qui avait *soigné* les pestiférés. — Terme peu usité dans ce sens, même au commencement du dix-septième siècle.

S'étant percée au dedans de la bouche, il se répandit une puanteur si horrible par toute la chambre, que les plus résolus n'y pouvaient demeurer, ni même entrer.

La généreuse Amazone n'en sortait presque pas, et ne souffrait qu'aucun autre lui présentât ses bouillons, ses médicaments et le reste. Elle s'égayait à lui rendre les plus bas et les plus vils services. La mort, qui arriva enfin, malgré ses soins et ses diligences, attrista la charitable nièce, sans la décourager. La crainte de recevoir l'impression des mauvaises vapeurs qu'exhale une bouche empestée, ne l'empêcha point de tenir entre ses bras sa bien-aimée tante, dans le moment de son dernier soupir.

Plusieurs autres, qui ne la touchaient ni de parenté ni d'alliance, en ont été secourus de la même manière. Sa charité s'étendait envers toutes sortes d'objets, et en toutes occasions. Les troubles de la guerre ayant réduit une dame de naissance et sa fille dans l'indigence extrême, la pieuse de Saint-Balmon les fit subsister à ses frais, dans la ville de Bar, où elle séjourna quelque temps, jusqu'à ce qu'elle vît plus de jour et d'ordre dans ses affaires.

Qui considèrera mûrement la conduite de Barbe-Alberte d'Ernecourt dans ses emplois présents, s'étonnera de sa fermeté, dans une saison où les plus résolus seraient troublés, et manqueraient de force. Quand la tempête commence, les plus habiles pilotes sont surpris et en alarme : le mal qui les presse et celui qu'ils appréhendent, comme le plus grand dans leur opinion, les inquiètent étrangement. Dès qu'ils ont essuyé les premières attaques de l'orage, ils espèrent le calme, et gouvernent mieux leur vaisseau. Le commencement de la guerre n'ôte point l'égalité à notre Alberte : sa vertu est toujours inébranlable.

CHAPITRE VI.

Les preuves de son désintéressement et de sa charité.

La charité, qui est la reine des vertus, fait

régner glorieusement les âmes qui en sont ornées, les rendant non-seulement maîtresses de leurs passions, mais encore les mettant en état d'étendre leur empire sur les personnes qu'elle comble de ses bienfaits. On se tient obligé avec raison d'honorer ses mains libérales, et d'exécuter les commandements d'un bienfaiteur qui se dépouille pour revêtir les autres. Ce procédé attirait tous les cœurs à révérer singulièrement Mme de Saint-Balmon, qui était sans cesse et agréablement occupée à distribuer ses libéralités.

Etant contrainte, d'abord, de diminuer sa dépense, à cause de la désolation qu'apportaient les passages des soldats, ce retranchement ne fut que pour elle-même, non point pour les autres. Elle se retira dans Bar, avec ses deux enfants, et un précepteur pour son fils. Le nombre de ses domestiques n'en fut pas moindre, afin que ses valets et ses servantes pussent subsister sous sa conduite et sa protection, sans laquelle il seraient devenus misérables.

Ayant un grand procès, et seulement soixante pistoles, qui étaient peu de chose pour subvenir à tant de besoins, elle en fit jeter trente par-dessus les murailles du couvent des religieuses de Sainte-Claire, avec un billet anonyme, par lequel elle les suppliait de se souvenir, en leurs prières, d'une personne qui s'y recommandait, pour quelque affaire d'importance.

Cette généreuse libéralité, qui la rendait imitatrice de l'évêque saint Nicolas, ne demeura pas longtemps sans récompense : incontinent après, elle se vit en état de retourner en son château de Neuville, où elle a depuis toujours entretenu sa famille dans le repos, l'honneur et la magnificence, par une providence particulière de Dieu, qui favorisait ses intentions et ses efforts.

L'exercice de sa charité ne cessait que quand les occasions manquaient : ses mains, incessamment ouvertes, ne se fermaient jamais pour qui que ce fût. Au premier siége de Thionville, l'an 1639, les Français, commandés pas le sieur de Feuquières, furent défaits par Piccolomini, général de l'armée impériale. La quantité de soldats blessés dans nos troupes fut aussitôt connue de l'Amazone chrétienne. Son zèle pour secourir les affligés, et son ardeur au service de la France parurent évidemment, en cette ocasion. Elle envoya promptemement des chariots, pour apporter dans son château les Français qui avaient reçu des blessures. Non-seulement ceux qui se rencontrèrent par bonheur y furent sollicités (1), mais encore une multitude d'autres, qu'elle fit chercher avec diligence, afin qu'ils fussent participants de sa charité.

Le lecteur doit remarquer, et nous ne saurions assez répéter que Barbe-Alberte d'Ernecourt a toujours eu une puissante inclination à servir et honorer la Monarchie française : son mari, pour qui elle avait tant de complaisance, ne l'en put détacher avec tous ses efforts et toutes ses adresses : de là vint leur séparation : celui-ci ne quitta jamais les intérêts de la Maison d'Autriche, quelque diligence qu'apportât son épouse, pour l'en détourner ; et *la femme forte* persista invariablement dans le service du Roi de

(1) Voir la note précédente.

France. Regardant les Français comme ses concitoyens, elle s'attristait vivement de leurs désavantages, et se réjouissait beaucoup des victoires qu'ils remportaient. Elle ne se conformait pas à la coutume des courtisans intéressés, qui flattent la passion du Prince, pour satisfaire la leur : la prudence, la charité, la justice étaient les premiers mobiles de sa conduite. La maxime de saint Augustin ne lui était pas inconnue, qui dit qu'il faut pleurer la déroute des amis, approuver et louer celle des ennemis de l'Etat.

Le village de Neuville, où elle faisait son séjour ordinaire, étant situé entre Bar-le-Duc et Verdun, lui présentait souvent des occasions de signaler son courage et sa libéralité. La défaite qui arriva au siége de Thionville lui fut sensible, à cause que son cœur était tout français, et qu'elle considérait beaucoup le sieur de Feuquières, qui était son voisin, en qualité de gouverneur de Verdun.

Ceux qui furent blessés au combat dont je parle, eurent, dans le château de Neuville, par les ordres et les soins de la dame, toutes les assistances imaginables. Tant que la guerre dura, elle continua cette fervente pratique. Une compagnie d'Irlandais fut taillée en pièces par le maréchal de la Ferté-Senneterre, qui les poursuivait comme déserteurs. La charitable Saint-Balmon donna cinquante pistoles au chirurgien qui les pansa. Deux femmes furent aussi entretenues à ses dépens, pour les solliciter et leur administrer tout ce qui était nécessaire, jusques à tant qu'elles fussent enterrées ou guéries. Sa charité était d'autant plus digne de louanges, qu'elle s'employait au soulagement de tous les misérables, sans aucune acception des personnes.

CHAPITRE VII.

Sa vigilance, son adresse et sa valeur pour la conservation de ses terres et de ses voisins.

Salomon, dépeignant les perfections de la femme forte, dit qu'elle est revêtue de force et de beauté. Bien que la bonne grâce extérieure soit un grand ornement, et quelquefois l'indice d'une âme vertueuse, je crois pourtant que le Sage entend parler ici de la vertu qui pare et embellit l'esprit. La sainteté donc, jointe à la force et au courage, compose le vêtement de l'âme forte et vraiment chrétienne. Mme de Saint-Balmon a eu cet avantage entre les autres. C'était une merveille de la voir pieuse et guerrière tout ensemble.

Commençons à décrire l'excellent usage qu'elle a fait des armes, où son mari l'avait élevée, et de son naturel adroit, courageux et martial. Considérons, en même temps, que cet emploi belliqueux était accompagné, ou plutôt vivifié par une charité incomparable et une dévotion singulière. Nous n'alléguerons pas (1) d'abord les actes de sa vaillance en détail, mais seulement les principaux, qui donnent une grande estime de notre Amazone.

Les gens de guerre, en quelque résolution, ou de quelque qualité qu'ils fussent, n'osaient approcher de Neuville. Les officiers la

(1) C'est-à-dire *Nous ne citerons pas*, à l'appui de ce que nous venons de dire.

respectaient, à cause de sa bonne conduite et des secours qu'ils en recevaient : les simples soldats la regardaient comme leur mère, qui les nourrissait dans le besoin, et les revêtait quand ils n'avaient plus d'habits. Son village était le plus ordinaire passage des deux partis. Il fallait donc que notre Alberte eût une merveilleuse adresse et une fermeté inébranlable, pour être toujours sur ses gardes, et en état de se défendre.

Les coureurs ne trouvaient pas leur compte auprès d'elle, qui les repoussait vertement. Sitôt qu'on lui faisait savoir qu'ils allaient piller les chevaux, et le reste, on la voyait à cheval et sous les armes : elle les chargeait de si bonne façon, et si rudement, qu'ils n'y revenaient pas. Les villageois vivaient en tranquillité, par son moyen : leurs vaches, leurs brebis et leurs volailles étaient conservées dans tout son voisinage.

Quatre cavaliers couraient, un jour, après une fille, pour lui ravir son honneur. Voilà, sans retardement, notre Amazone chrétienne les armes à la main, avec quelques-uns de ses gens, entre la pauvre fille et ces effrontés, qui déchargèrent d'abord, sur cette protectrice de la pudicité, leurs pistolets, sans lui faire aucun mal. Ainsi elle demeura victorieuse, et la proie innocente se sauva de la fureur brutale de ces infâmes.

Bien que son inclination fût entièrement pour la France, et que ses exploits tournassent toujours ou souvent en faveur de ce côté-là, néanmoins elle avait une égale charité pour assister, dans les maladies ou blessures, tant les nôtres que leurs ennemis. Quelquefois, dans sa maison, se sont trouvés en même temps des Français, des Lorrains, des Espagnols, des Allemands, qui, par sa prudence, ne se sont jamais querellés, mais vivaient en paix ; tant elle prenait de soin pour les divertir et les satisfaire, par toutes les voies raisonnables et honnêtes. Elle avait des manières douces et insinuantes, qui ne sont pas incompatibles avec un naturel ardent : elle avait surtout de cette éloquence naturelle qui fait toujours son effet, et qui persuade d'autant plus qu'on s'en défie moins.

Les généraux et principaux officiers des armées tenaient à gloire de conserver ce qui lui appartenait. Neuville étant un poste qui servait de passage aux troupes qui allaient en Allemagne et revenaient en France, ces agitations, ces allées et venues se renouvelaient au moins trois fois l'année. Les assemblées des gens de guerre se faisaient ordinairement sur la rivière de Meuse, dont Neuville n'était éloigné que de deux lieues. Les quartiers d'hiver y étaient assignés pour le rafraîchissement des soldats. Les terres de Mme de Saint-Balmon demeuraient, néanmoins, exemptes de toutes ces charges, au milieu d'un pays si fort agité de troubles et d'inquiétudes. Elles ressemblaient à ces fontaines dont les eaux, étant mêlées avec celles de la mer, sont toujours douces, et ne contractent point de salure; ou bien à ces parties de l'air, voisines de la moyenne région, qui ne reçoivent aucune atteinte de grêle, ni de neige, ni de tempêtes.

CHAPITRE VIII.

Ses emplois au milieu de la guerre.

Il n'est pas toujours vrai que la diversité des emplois, en même temps, diminuent les forces qui s'y appliquent. La nature est sujette à ce défaut ; non pas la grâce, qui fournit assez de vigueur pour tout ce qu'on entreprend, quand on se conforme aux desseins de Dieu, qui fortifie les faibles et qui anime les lâches. La conduite de Mme de Saint-Balmon prouve cette vérité. Elle joignait les exercices de la guerre avec ceux de la plus parfaite piété, sans que les unes fissent tort aux autres.

Son voisinage n'était pas seulement tranquille par le repos qu'elle y causait, le mettant à l'abri des coureurs ou Cravates, ou le délivrant des incommodités qu'apportent les continuels passages des soldats ; mais encore par la paix qu'elle donnait aux particuliers, terminant leurs différends et leurs querelles.

S'ils ne tenaient qu'à de l'argent, elle le fournissait volontiers de sa bourse, jusques à deux ou trois cents francs à chaque fois. Les petits et les grands avaient une singulière confiance en elle : chacun révérait ses sentiments comme des oracles.

La splendeur de sa réputation lui acquérait tous les cœurs. Comme on la voyait abhorrer les vices, on trouvait peu de personnes vicieuses dans le pays. Si la vertu n'était qu'apparente en quelques-uns, ils cachaient volontiers leurs désordres pour agréer à Mme de Saint-Balmon, dont ils appréhendaient la réprimande, quand elle était informée de leur mauvaise vie. Bien que l'hypocrisie soit odieuse, les hypocrites, néanmoins, qui dissimulent leurs défauts pour ne pas déplaire aux âmes vertueuses, témoignent du respect pour la vertu, et ne font point de scandale. Le vice ne régnait point, ni parmi les domestiques de notre Alberte, ni entre les habitants de son village ; non pas même aux environs. Son zèle pour mettre en bon état les consciences de ses domestiques, de ses amis, et de tous ceux qui la visitaient, ne saurait être assez admiré : elle leur procurait des confesseurs habiles et exemplaires, auxquels ils faisaient volontiers leurs confessions générales.

Elle avait une étrange horreur du blasphème. Sa clémence, qui la portait à traiter doucement les misérables, cédait la place à son juste zèle, quand elle rencontrait des blasphémateurs, pour lesquels il n'y avait point de pardon, étant obligés, sans rémission, de payer l'amende qu'elle avait taxée.

La conjoncture des affaires et des troubles ayant longtemps privé le diocèse de Verdun de son Évêque, les peuples des champs manquaient d'assistance spirituelle. Les Grands Vicaires, ni les Archidiacres n'osaient sortir des villes, pour visiter les églises, ni pour consoler la campagne, à cause des gens de guerre, qui la ravageaient. La corruption des mœurs suit d'ordinaire les désordres de la guerre. Le déréglement s'était introduit parmi les ecclésiastiques. Sitôt que le bruit en venait aux oreilles de l'Amazone chrétienne, elle n'y ajoutait pas foi, d'abord, sans preuves : mais, quand il y avait fondement, elle ne leur permettait pas l'entrée dans Neuville, jusqu'à ce qu'elle y eût remarqué un entier détachement de ce qui faisait le scandale.

Plusieurs, montrant de l'obstination dans le mal, se réduisaient enfin dans leur devoir, et venaient implorer son secours pour mieux vivre.

« Madame, lui disaient-ils, nous étions en « perpétuelle inquiétude, pendant que nous « ne possédions pas l'honneur de vos bonnes « grâces. Aimez-nous, s'il vous plaît, et nous « serons en repos. »

« — Corrigez-vous, répondait-elle, et vous « recevrez de moi toutes les marques imagi« nables d'amitié. »

Les ferventes exhortations à la vertu sortaient ensuite de sa bouche, qui opérait des merveilles ; et, s'ils devenaient sages, elle les favorisait et subvenait à leurs besoins.

On ne vit jamais un cœur plus enclin à faire du bien, même à ses ennemis, qu'elle secourait avec joie. Un gentilhomme, qui l'avait beaucoup désobligée, sentit les effets de cette bonté : ni lui, ni sa famille n'eurent longtemps leur subsistance que par les libéralités de la charitable de Saint-Balmon.

Durant le long séjour qu'il fit à Paris, des gens de qualité lui administraient ses nécessités, à la recommandation de sa généreuse bienfaitrice. Il tâchait, cependant, de la diffamer, blâmant ses meilleures actions, et l'accusant de légèreté dans sa conduite. L'un des bons amis de la dame, entendant ces médisances, lui en donna avis par une lettre, dont le médisant fut porteur. L'ayant lue en sa présence, elle ne lui témoigna rien du contenu, et lui demanda seulement l'état de sa famille. Il lui spécifia les particularités, alléguant qu'un de ses fils voulait être religieux, mais qu'il ne pouvait pas fournir le payement de sa robe, ni du reste de son équipage. « Combien faut-il ? » dit-elle. La réponse étant que quinze pistoles suffisaient : — « Les voilà », répliqua-t-elle, ouvrant une cassette. Puis, elle les mit entre ses mains.

Une confidente de Mme de Saint-Balmon, en présence de qui tout cela se passait, ne put dissimuler son déplaisir sur ce procédé. Elle approuvait cette générosité si chrétienne; mais elle désirait que la personne offensée déclarât à l'offensante que ses détractions ne lui étaient pas inconnues, afin de l'empêcher de retomber dans la même faute. Ce sentiment étant découvert à l'Amazone : « Vous « avez tort, dit-elle, de me donner un tel « conseil, et vous ne savez ce que vous « dites : si j'avais manifesté à cet homme « que je n'ignore pas ses discours, je me « serais satisfaite, et ma satisfaction aurait « effacé le mérite de mon aumône. Il faut « toujours jeter des charbons ardents sur la « tête de ses ennemis. »

L'exécution surpassait de beaucoup ses paroles : elle faisait, sans comparaison, plus de bien qu'elle n'en disait. Jamais elle ne laissa écouler aucune occasion de bien faire à ceux qui la traversaient davantage.

CHAPITRE IX.

Continuation du chapitre précédent.

Durant sept années d'une famine qui désola les autres Provinces, l'Égypte ne manqua de rien, par les soins de Joseph, sous la conduite duquel ce Royaume vivait dans toutes les prospérités imaginables. La Judée et les contrées voisines participaient à ce bonheur, par les ordres du même patriarche, que Dieu avait fait naître comme une figure de Jésus-Christ, qui devait sauver le monde. Barbe d'Ernecourt s'est efforcée de suivre cet exemple. Bien que la Lorraine et nos frontières de Champagne fussent dans une désolation effroyable, elles subsistèrent néanmoins heureusement, par la vigilance de la charitable Amazone, dans les endroits qui approchaient de ses terres (1). Voici quelques particularités de sa prévoyance et de sa charité.

(1) Latinisme, pour dire *avoisiner*.

Les pauvres, de quelque condition qu'ils fussent, trouvaient leur asile et leur subsistance dans sa maison. Sa terre de Neuville rapportait, tous les ans, environ cent quarante muids de blé : la subsistance de toute sa maison étant prise, il lui en restait plus de quatre-vingts muids, dont elle pouvait faire, en les vendant, la somme de 10,000 francs de Lorraine; néanmoins, elle ne se réservait rien. Le pain de sa table et de ses domestiques étant fourni, le reste était distribué aux couvents de Bar, de Saint-Mihiel, de Verdun, de Giroüay, Sainte-Lucie, Rambercour, selon la quantité des personnes qui les remplissaient. A l'un on donnait un muid de blé; à l'autre, un demi-muid; à quelqu'autre, vingt bichets. Bref, toutes les communautés circonvoisines subsistaient par la prévoyance et la charité de Mme de Saint-Balmon, dans une province pleine de gens de guerre, et au milieu d'une infinité de voleurs qui la ravageaient et mettaient en désordre.

Ses libéralités envers les Capucins de Charme sont assez considérables pour lui faire porter le titre de leur fondatrice. Elle partageait volontiers le bien qu'elle avait en ce pays-là avec ces Révérends Pères, dont elle a fait bâtir l'église par une ample aumône, qui leur a été distribuée par une voie secrète, sans qu'ils en connussent l'origine. Elle a mérité aussi justement cette qualité, envers les Minimes de Bar, les rendant possesseurs d'une notable dette passive, dont ils furent bien payés. La seigneurie dont elle se démit en faveur des Jésuites de Bar, est un bienfait digne de remarque : pour cette terre, située entre Clermont et Verdun, ils se sont obligés d'aller, tous les ans, faire la mission en son village de Neuville, à Gibomay et à Vaux-les-Grands.

A la première nouvelle de quelque maladie survenue au moindre de ses vassaux, elle se transportait en sa maison, à toute heure de nuit ou de jour : les bouillons et les autres douceurs ne manquaient point, jusqu'à ce que la santé fût rétablie. Si le malade se tournait à la mort, elle le consolait par sa présence assidue, et le mettait en état de mourir chrétiennement, par ses dévotes exhortations.

Tous les ans, le jour de la Toussaint, elle revêtait douze pauvres ; le Jeudi-Saint, elle faisait la Cène à douze veuves, donnant à chacun un quart d'écu. A Noël et à Pâques, trente des plus pauvres familles de son village de Neuville recevaient d'elle chacune un bichet de blé. Tous les Dimanches et Fêtes, on préparait une marmite et une chaudière de potage, en son château, pour tous les mendiants qui se présentaient à la porte ; et, quoique souvent ils y accourussent au nombre de deux cents, ils étaient amplement repus, un grand morceau de pain leur étant aussi administré ; de sorte qu'aucun ne sortait mécontent. C'était une aumône fixe et assurée, qui attirait tous les pauvres des paroisses circonvoisines, durant les désordres de la guerre et de la famine. La charitable dame en faisait la distribution de sa propre main, si elle n'en était empêchée par quelque maladie : alors, sa fille, ou la personne la plus considérable de ses domestiques prenait sa place.

Quand la grêle, ou d'autres accidents avaient causé de la désolation dans le voisinage, les laboureurs de trois ou quatre lieues à la ronde trouvaient leur refuge chez Mme de Saint-Balmon. Le secours qu'elle leur donnait, dans la nécessité, réparait leur perte. Ceux qui avaient le plus perdu rétablissaient aisément leurs affaires, par son assistance. Elle prêtait du blé, au temps des semences, à des conditions si avantageuses pour les fermiers, qu'ils avaient moyen de vivre, de satisfaire leurs maîtres et de payer les contributions, sans s'incommoder : elle leur fournissait le grain dans la plus chère saison, qu'ils rendaient quand il était à meilleur marché.

Elle a élevé à ses dépens des enfants de naissance, ruinés par les guerres, jusqu'à l'âge qu'ils pouvaient marcher en campagne, et servir dans les armées. Alors, l'équipage, et tout ce qui était nécessaire pour paraître en gens d'honneur, leur était donné de sa part. Les monastères eussent été dépeuplés sans son assistance. Elle a plusieurs fois fourni les robes et les autres ustensiles aux jeunes hommes qui voulaient entrer dans les cloîtres. Trois filles, principalement, lui ont obligation de leur dot. L'une fut reçue au couvent de la Congrégation de Notre-Dame, à Saint-Mihiel ; l'autre, aux Carmélites de la même ville ; la troisième, parmi les Sœurs de Sainte-Claire, à Bar. Il ne faut pas oublier sa libéralité envers une demoiselle à qui elle donna une partie de la dot, pour être admise dans l'abbaye de Saint-Jacques, proche de Vitry-le-Brûlé, parmi les Bernardines. Peut-on assez louer sa charité envers six religieuses, qu'elle logea et fit subsister l'espace d'une année entière, dans son château, durant la plus grande extrémité de la guerre, et quatre autres pendant six mois ? Vit-on jamais un cœur plus magnifique et plus charitable ?

CHAPITRE X.

Ses diverses pratiques de vertu n'ont jamais été interrompues parmi les affaires les plus fâcheuses.

Les emplois extérieurs ne troublent point une âme victorieuse de ses passions, qui, étant toujours unie avec Dieu, ne reçoit aucune impression des objets de la terre : et, à dire le vrai, nous trouvons peu de génies qui soient parvenus à un si haut degré de vertu. Quand les tumultes de la guerre n'empêchent point de vaquer aux exercices de la piété, c'est une évidente marque d'une grande force d'esprit et d'une fidélité parfaite envers Dieu. Notre Amazone avait le chapelet et l'épée à la main en même temps : si, d'un côté, les voleurs et les ennemis de la France étaient repoussés par sa valeur et par son adresse; de l'autre, les pauvres, les malades et les ecclésiastiques étaient assistés et entretenus par sa charité admirable.

Quoique son train ordinaire fût ample,

elle augmentait néanmoins toujours le nombre de ses domestiques, non pour être mieux servie, mais pour avoir lieu de bien faire à plusieurs misérables, qui eussent péri de faim et de pauvreté, sans cette retraite. Les gens de qualité qui tombaient dans l'indigence, à cause des malheurs de la guerre, avaient leur refuge dans son château de Neuville, où elle les traitait et honorait selon leur condition. Les guerriers mêmes, qui avaient besoin de rafraîchissements, y demeuraient à sa prière, avec leurs valets et leurs chevaux, l'espace de plusieurs mois, qu'elle nourrissait et défrayait, sans vouloir autre récompense que celle de la gloire de Dieu.

Toute la conduite de Mme de Saint-Balmon était pleine d'une merveilleuse ardeur et d'une vivacité d'esprit extraordinaire ; néanmoins, on ne peut pas voir un cœur plus doux ni plus humain : elle semblait n'avoir point de fiel : ceux qui l'avaient extrêmement offensée, au moindre déplaisir qu'ils en témoignaient, recevaient d'elle toutes les marques imaginables d'amitié. La grandeur de son âme et sa bonté naturelle opéraient cette merveille.

Il est vrai qu'après tous les efforts de sa vertu et ses pratiques de mortification, une promptitude d'esprit lui restait, qui ne lui donnait pas peu d'exercice. Dieu permet ces défauts visibles, afin que la personne qui ne s'en peut pas entièrement défaire, soit humiliée par l'abjection qui les accompagne, et renouvelle sa ferveur en toute occasion, pour les réprimer. Alberte d'Ernecourt s'est montrée fort généreuse à modérer sa vivacité d'esprit. Elle priait ses amis, et ceux qui la servaient, de l'avertir au premier mouvement qu'ils remarqueraient. Ils s'en acquittaient avec exactitude, la tirant par son justaucorps : ce qui la faisait revenir aussitôt, quand elle aurait été le plus vivement irritée.

Les quarante domestiques qu'elle gardait et entretenait étaient obligés, par ses ordres, d'entendre tous les jours la messe, s'ils n'en étaient excusés par une véritable maladie, et d'assister, le soir, à l'examen de conscience.

Ils étaient tous des confréries du Rosaire et du Scapulaire, qu'elle avait fondées dans sa paroisse de Neuville, avec celle de Saint-Isidore. Sa fondation de messes à perpétuité, pour les personnes défuntes qui y sont enrôlées, est digne de remarque. Il y en a tous les premiers dimanches des mois, et les lundis suivants, pour les frères et sœurs du Rosaire : celles des troisièmes dimanches, et des lundis qui suivent, sont pour le soulagement des âmes associées au Scapulaire : les messes des mardis ensuite se disent pour les confrères trépassés de Saint-Isidore.

La fête du même saint est célébrée avec une procession solennelle, qui se fait par les champs, comme aux Rogations, pour les biens de la terre. N'oublions pas la messe de sainte Barbe, dont elle portait le nom, ni celle de saint Albert, Carme, qu'elle avait choisi pour son patron, ayant été nommée Alberte au baptême. C'est ainsi qu'elle les honorait en leurs solennités particulières. Le jour de sa naissance, arrivée le 14 mai, ne sortait point de sa mémoire, et l'excitait à une vie nouvelle et plus parfaite. Elle y avait pareillement fondé une messe, qui devait être de *Requiem*, après son décès.

Les processions établies dans l'église paroissiale de Neuville, le premier dimanche de chaque mois, pour le Rosaire; le troisième, pour le Scapulaire, et les fêtes de la Purification, Annonciation, Assomption, Nativité et Conception de la Vierge, sont encore des effets de la libéralité et de la dévotion d'Alberte d'Ernecourt, La peine qu'elle s'est donnée, pour trouver de quoi faire subsister ces dernières fondations, en quêtant une partie chez ses amies, est une preuve évidente de sa ferveur, qui lui a fait volontiers fournir le reste de ses deniers propres. C'est un établissement à perpétuité, dont les successeurs au Prieuré de Neuville ne peuvent se dispenser, les clauses du contrat étant telles et en bonne forme.

Le Rosaire est aussi par sa seule charité à Gibomay, à Vaux-les-Grands et à Saint-Balmon, où elle a payé, comme aux autres lieux, des tables d'autel dévotes et magnifiques.

Son zèle ne lui permettant pas de voir reposer le Corps de Jésus-Christ dans des vases de plomb, ni d'étain, aux endroits où elle avait du pouvoir, elle les a garnis tous de ciboires d'argent.

Il ne faut pas omettre les Litanies de Notre-Dame, ni le *Salve Regina*, fondés à ses dépens, pour tous les jours, à Neuville, dont elle a chargé le maître d'école.

CHAPITRE XI.

Quelques particularités excellentes de sa conduite.

Si nous considérons la temporelle ou la spirituelle, l'extérieure où l'intérieure, il y a partout juste raison de l'admirer. Son train consistait en un aumônier, qui instruisait ses domestiques, et dirigeait leurs consciences, sans leur ôter la liberté ; quelques gentilshommes, un médecin, deux secrétaires, trois ou quatre dames ou demoiselles, un chirurgien expérimenté, qui servait aussi d'apothicaire, un peintre, un valet de chambre, quatre laquais, des cochers, des palefreniers et d'autres domestiques, sans compter les officiers de sa basse-cour.

Ils respiraient tous un air de piété, par le bon exemple et les pieuses exhortations de leur Maîtresse, qui, les entretenant honorablement de toutes sortes de commodités, obtenait d'eux ce qu'elle voulait. Elle ne se contentait pas de les voir fréquenter les sacrements, et assister aux exercices de dévotion, selon les ordres qui leur étaient prescrits de sa part : elle ne souhaitait pas seulement qu'ils fussent diligents à s'acquitter des fonctions où elle les employait : son but principal était, qu'après qu'ils avaient rendu à Dieu les premiers devoirs, ils vécussent en paix les uns avec les autres; et elle leur recommandait singulièrement la modestie.

Les entretiens secrets lui déplaisaient surtout. Si quelqu'un outrepassait les bornes de la bienséance par des discours un peu libres, par des œillades affectées, ou par d'autres sottises, quoique légères, il en était sérieusement averti; et, s'il ne s'en corrigeait pas, on lui donnait son congé; ou bien l'on séparait les personnes qui faisaient parler et murmurer de leur mauvaise conduite. L'appréhension de tomber dans la disgrâce de Madame les tenait tous dans le règlement, avec tant de bénédiction, qu'il n'y a jamais rien paru de déréglé. Son exemple les réduisait dans l'ordre beaucoup plus efficacement que ses lois et ses exhortations : elle ne parlait jamais à aucun homme qu'à la vue de quelques personnes, qui, quoiqu'un peu éloignées, ne laissaient pas d'être témoins oculaires de ses actions. Jamais on ne vit une femme plus modeste, ni plus retenue avec le sexe différent.

Ce grand nombre de domestiques était souvent augmenté par des survenants. Elle a gardé dans son château, l'espace de quatre ou cinq ans, un peintre avec sa famille, pour le faire travailler à des tables d'autel, qu'elle destinait aux églises des religieux et religieuses de Bar, Verdun, Saint-Mihiel, et aux paroisses de ses villages, qui sont bien ornées par ses libéralités, particulièrement celle de Neuville, où elle faisait sa demeure.

L'arrivée fréquente des officiers de l'armée française la réjouissait, parce qu'elle trouvait, en cette occasion, de quoi exercer son inclination à bien faire : je dis de l'armée française. En effet, quoique son zèle la portât à obliger tous ceux qui avaient besoin de son secours, elle avait néanmoins un attrait particulier à l'avantage des serviteurs du Roi de France. On en a vu plusieurs séjourner jusqu'à six semaines, trois, quatre ou cinq mois dans son logis. Les pauvres gentilshommes du pays avaient aussi la même consolation : on les y servait tous avec soin et honneur : leurs gens, pareillement, y recevaient l'assistance qui leur était convenable. Cette conduite de la dame dont nous parlons est d'autant plus remarquable, que sa magnificence était nette de tout intérêt, et sans autre vue que celle de bien faire. Cette remarque ne saurait être assez répétée.

Il semble que la conjoncture des guerres,

qui l'occupait beaucoup, pour conserver ses amis et ses habitants, et que les compagnies extraordinaires qui lui venaient, lui causaient bien de l'embarras : son esprit, néanmoins, était toujours tranquille. Comme elle était réglée en toutes ses actions, elle ne perdait jamais son égalité, accordant heureusement l'étude, autant qu'une femme en est capable, avec les emplois d'une infinité d'affaires fâcheuses. Les tragédies en vers qu'elle a composées sur la Mort de Jésus-Christ, sur le Martyre des saints Marc et Marcellin, et sur celui de sainte Godelaine, sont des pièces fort estimées. Semblablement les copies de toutes ses Lettres, qui sont entre les mains de sa fille. Peut-être que la Providence de Dieu les tirera un jour de son cabinet, pour les mettre en lumière.

CHAPITRE XII.

Les règlements de sa dévotion.

Comme l'hypocrite cache ses défauts, afin

de paraître vertueux, ainsi l'humble s'efforce de soustraire la connaissance de son mérite, pour éviter les attaques de la vaine gloire. Ressemblance, à la vérité, fort opposée; mais, quelques efforts que puissent faire celui-là pour être honoré, ou celui-ci pour être méprisé, enfin le vrai et le faux or se découvrent : notre intérieur ne demeure pas toujours inconnu; mais il éclate facilement au dehors. Une âme modérée fait voir sa modération en ses œuvres et en ses paroles. Comme le cœur vicieux ne saurait dissimuler longtemps son vice, le vertueux, quelque humble qu'il puisse être, ne peut pas entièrement étouffer ni couvrir le lustre de sa vertu.

La bonne conduite de Barbe d'Ernecourt, dans ses affaires extérieures, était un effet et un rejaillissement de sa disposition intérieure, dont voici quelques actes.

Elle était fille de notre Père saint François d'Assise, par la profession qu'elle a faite de sa troisième Règle, instituée pour les séculiers, et qu'elle a signée de son propre sang :

ce qui m'a fait entreprendre la description de son histoire, en qualité d'historiographe de notre Ordre. Je ne me suis pas contenté de parler succinctement de cette dame, en son rang, dans nos Chroniques; j'ai cru devoir en discourir plus amplement en ce volume, composé sur les mémoires qui m'ont été fournis par des témoins oculaires, pour la satisfaction des personnes qui l'ont connue, et pour l'instruction de la postérité.

Les Confréries du Rosaire et du Scapulaire l'ont honorée, comme une des plus édificatives et des plus exactes sœurs à s'acquitter des obligations. Toutes les Compagnies régulières lui portaient un singulier respect; et presque toutes lui ont présenté des lettres de filiation ou d'association à leurs prières.

Elle jeûnait tous les vendredis et samedis. Pendant que sa santé l'a permis, elle faisait les Avents et les Carêmes avec une entière exactitude. Il ne se passait point de mois en toute l'année, qu'elle ne fît un jour de retraite. Elle observait la même chose, depuis le soir du samedi des Rameaux jusques au jour de

Pâques. Durant ce temps-là, et presque toujours dans les autres saisons, elle portait la tunique du Tiers-Ordre. Cette austérité, néanmoins, ne paraissait point, d'autant que ses habits ordinaires la couvraient. Pour les haires et les disciplines, l'usage lui en était fréquent, suivant les ordres de son Directeur, qui la conduisait tous les ans dans la solitude et les exercices des dix jours. Voilà, en vérité, une conduite pleine d'édification. Plût à Dieu qu'elle fût imitée universellement, dans le christianisme.

La suivante n'est pas moins admirable. Elle faisait l'oraison mentale deux fois le jour : à quatre heures du matin et incontinent après son lever, l'espace d'une demi-heure; et autant à quatre heures du soir. Elle se retirait adroitement des compagnies après dîner, pour une heure, afin de dire les Vêpres de la Vierge et celles du Tiers-Ordre de saint François. Ensuite elle priait mentalement. Sa retraite, en ces occasions, était dans une grosse tour de son château. Le cabinet de ses livres était aussi là, comme en un lieu plus tranquille et plus propre à la lecture. Si quelque compagnie, dont il lui était impossible de s'excuser, survenait, elle s'acquittait indispensablement de sa méditation, avant que de se coucher. Cela diminuait souvent le temps de son repos, qu'elle aimait mieux retrancher que son exercice de piété. Quelque peu de sommeil qu'elle eût pris, elle ne manquait jamais d'être hors du lit à quatre heures du matin, tant en hiver qu'en été. Après avoir continué ses prières jusqu'à six heures, elle faisait lever son monde, et s'appliquait au soin des malades.

Elle a persévéré dans ces pratiques jusqu'au dernier mois de sa vie. Les maladies précédentes n'y ont causé aucune interruption, ni relâchement, pour violentes et longues qu'elles aient été. Celle qui la retira de ce monde la réduisit en telle extrémité un mois devant que d'en sortir, qu'elle fut contrainte d'user de quelque dispense, la seule impossibilité jointe aux commandements du Directeur l'y obligeant. Alors sa ferveur intérieure se renouvelait, qui était évidente dans ses discours et dans sa patience; dont ceux qui la servaient et accompagnaient ont reçu tant d'édification, que le souvenir de ce pieux exemple ne sera jamais effacé de leur mémoire.

CHAPITRE XIII.

Autres règles de sa dévotion.

Le véritable amour de Dieu n'a point de réserve ni de bornes : il préfère cet objet divin à tous les autres sans exception ; même il les oublie entièrement, pour ne penser qu'à Dieu ; et, s'il a quelque égard aux créatures, c'est dans la vue du Créateur, et rapportant tout à sa gloire. Toutes les actions de l'Amazone chrétienne roulaient sur cette belle maxime. Sa dévotion, par conséquent, était fervente et bien réglée.

Son zèle pour l'honneur de la Mère de Dieu était incomparable ; mais il n'approchait aucunement de celui qu'elle rendait à Jésus-Christ son divin Fils. Notre-Dame de Benoîtevaux est un lieu du Verdunois fort célèbre, pour le concours des pélerins qui s'adressent à la Reine des anges dans leurs besoins. Les malheurs de la guerre l'ayant réduit dans un déplorable état, Alberte d'Ernecourt le conservait de tout son pouvoir, courant promptement, en armes, et à la tête d'une bonne escorte, quand elle était avertie des incursions des Cravates et des autres pilleurs.

Voyant enfin que ses soins et ses efforts n'empêchaient pas les désordres qui se commettaient à son insu et en son absence, elle apporta l'Image de la Vierge (1) dans la Chapelle de son château de Neuville. On ne lui déférait pas là une moindre vénération ; et je peux dire qu'on la révérait davantage, puisque les profanateurs n'y avaient point d'accès ni d'entrée. Dès que le quartier fut plus paisible par sa vigilance et sa bonne conduite, l'Image fut rétablie avec grande cérémonie en son ancienne place, où la dévotion s'est augmentée,

(1) La statue de la Vierge.

et les miracles se sont multipliés. Le narré des particularités du transport et du rétablissement mérite plusieurs chapitres exprès, que vous verrez en leur rang.

La charité de Mme de Saint-Balmon parut encore singulièrement envers les religieux et religieuses de divers monastères, qui, étant dénués de toutes commodités, par le pillage des Soldats, se réfugiaient en son château, comme dans leur asile, où elle les nourrissait et entretenait.

Elle était aussi le refuge des veuves et des orphelins, ne souffrant pas qu'ils fussent opprimés, et leur procurant tout le soulagement imaginable. Les pauvres qui avaient des plaies ou de grandes maladies séjournaient dans sa maison, par son commandement : elle employait non-seulement des personnes pour les secourir, mais, de plus, elle s'appliquait à ces offices de charité par ses propres mains, sans se rebuter ni de la puanteur ni de l'ordure. Elle a eu, durant quelques années, une maison dans son village, où elle sollicitait les malades, qui trouvaient là plus de repos et de tranquillité que dans son château, toujours plein de survenants et de compagnies. Les dames et les demoiselles de sa suite l'accompagnaient souvent, afin d'imiter son exemple et de participer à son mérite.

Sa dévotion, qui réglait fort bien la conduite de sa personne, s'étendait aussi sur tous ses domestiques. Le règlement de saint Elzéar, qu'on appelle communément le Décalogue de ce grand serviteur de Dieu, était observé avec exactitude dans le logis de Barbe d'Ernecourt. La paix y régnait, sans aucune apparence de trouble. Personne n'y mangeait de la viande le mercredi. Tous les domestiques jeûnaient tous les samedis, excepté ceux qui étaient occupés en des travaux suffisants pour les en exempter. Chacun y entendait la Messe tous les jours avec facilité, puisqu'on y en célébrait deux : l'une à six heures, l'autre à dix; auxquelles Mme de Saint-Balmon ne manquait jamais.

La Messe qui se doit dire journellement en son château de Neuville, a été fondée par elle à perpétuité, moyennant 3 ou 400 francs de Lorraine, que le Chapelain reçoit chaque année.

La vie de la Maîtresse servait de modèle à ses gens, par la pratique de toutes les vertus, et particulièrement de sa charité. Les pauvres de toutes sortes de conditions trouvaient leur refuge dans sa maison. Les riches qui ne pouvaient pas se dispenser des malheurs du siècle, y accouraient, pour leur consolation et leur soulagement. Tant s'en faut qu'elle vendît à son profit les soixante muids et davantage qui lui restaient, sa table et la subsistance de tous ses domestiques et commensaux étant fournies, qu'au contraire, après les avoir distribués aux indigents, il lui en fallait acheter tous les ans pour plus de 300 francs. Ses autres libéralités étaient encore très-considérables.

La vertu est reconnaissante envers ceux qui la pratiquent, leur procurant toujours les rosées célestes, ou la béatitude éternelle; et souvent même les prospérités de la terre. Que de bénédictions, je vous prie, étaient répandues sur Mme de Saint-Balmon! Tout le monde la respectait, et sa famille abondait en toutes sortes de biens. Tout ce que Dieu fait pour gratifier ses amis, mérite une considération singulière, et rien ne doit être oublié. Son village regorgeait de vivres et de commodités : on ne vit jamais une basse-cour mieux garnie, dans la plus florissante paix, que la sienne au milieu des armées et dans le tumulte de la guerre. Quarante chevaux dans son écurie, plus de cinquante vaches, sept ou huit cents brebis, et le reste à proportion dans sa basse-cour, prouvent sa bonne conduite, et sont des témoignages du soin que Dieu prenait de ses affaires.

CHAPITRE XIV.

Sa dévotion envers la sainte Vierge.

A chaque fois que la colombe boit, elle lève la tête vers le ciel ; et je me persuade que ce n'est pas seulement pour faciliter l'écoulement de l'eau jusqu'au fond de ses entrailles, mais encore pour témoigner, par un instinct naturel, que ce breuvage est un don du Créateur, qui habite dans les Cieux, où il a établi son principal trône. Il n'est pas besoin d'approfondir le sujet du mouvement de la tête du pigeon : il suffit que nous suivions le conseil de David, et que nous imitions son exemple : *J'ai levé*, dit-il, *mes yeux vers vous, ô mon Dieu, qui résidez dans le Ciel.* Il a raison d'en user ainsi : puisque tout bien tire son origine d'en haut, et du Père des lumières, il faut lui en rendre les actions de grâces.

Nous devons aussi remercier la sainte Vierge, qui sert de canal pour nous communiquer les faveurs de son divin Fils, qui en est la première source. Alberte d'Ernecourt s'est comportée de la sorte : elle était singulièrement dévote à l'endroit de la Reine des anges, qui lui a obtenu de Dieu mille et mille bénédictions. Tous les dimanches, après dîner, ses gens récitaient avec elle le chapelet tout haut, d'une manière fort pieuse. Ils étaient séparés en deux bandes ; et chacune à son tour disait le *Pater* ou l'*Ave*. De plus, quelqu'un de la compagnie lisait le mystère qui est approprié à chaque dixain, selon la coûtume de l'Église.

La piété de la dame dont je parle a éclaté particulièrement envers l'Image de la Sainte-Vierge, tant révérée dans le lieu nommé Benoîtevaux. Avant que d'entrer dans la description de ce qu'elle a fait pour ce sujet, j'alléguerai seulement quelques mots de l'une de ses lettres écrites de sa main au Directeur de sa conscience.

« *J'en ai étrillé*, dit-elle, discourant des « coureurs qui pillaient la campagne, *une pe-* « *tite partie à Benoîtevaux, qui faisaient des* « *insolences aux pèlerins, et jusqu'à blasphémer* « *dans l'église. La sainte Vierge permit que je* « *la vengeasse de ces impies. J'en ai eu une si* « *grande satisfaction en mon âme, de voir* « *qu'elle s'est voulu servir de moi pour ce sujet,* « *que je ne puis assez vous l'exprimer. C'est* « *tout vous dire : J'ai souhaité avec passion que* « *le Ciel permette que je meure dans cette action,* « *où je servais deux grandes Reines : l'une du* « *Ciel, et l'autre de la terre. J'étais assez incom-*

« *modée de ma santé, et d'un bras que je croyais*
« *absolument perdu ; mais, dans la chaleur du*
« *combat, la force m'y revint.* »

Ces paroles montrent son ardeur et son courage au service de la Vierge. Les deux reines dont elle fait mention sont la Mère de Dieu et celle du Roi de France Louis XIV, qui était Régente pour lors, durant la minorité de son fils : ce qui déclare le puissant attachement de l'Amazone chrétienne aux intérêts de la France. Sa lettre est datée du 12 août 1643.

Il est juste de narrer ici que l'on présenta, de sa part, à la Reine-Mère, un bâton de bois de sainte Lucie, haut de quatre ou cinq pieds, bien tourné, et une image de la sainte Vierge, de la même matière, avec un grand tableau, dans lequel l'Amazone était représentée au milieu de quelques-uns de ses combats. Cette peinture était envoyée, d'ailleurs, à Sa Majesté par les amis de Barbe d'Ernecourt, qui, étant aussi humble que généreuse, fuyait l'ostentation de tout son pouvoir, et se contentait de protéger les pauvres et défendre l'honneur des autels, sans rechercher l'applaudissement des hommes.

CHAPITRE XV.

Son zèle extraordinaire à conserver l'Image de Notre-Dame de Benoîtevaux.

Le mérite des amis de Dieu est si éclatant et si efficace, que non-seulement leur personne devient sainte et précieuse, mais encore leur sainteté se communique à tout ce qui leur appartient et ce qui les touche. L'ombre du Prince des Apôtres guérissait les malades. Les linges, les habits, les écrits, bref, tout ce qui est à l'usage des gens de bien, sont dignes de vénération et opèrent des merveilles. La Reine des anges possède ce privilége avec beaucoup plus d'avantage. Le seul souvenir de ses grandeurs, la seule prononciation de son nom de *Marie*, l'honneur rendu à ses images, les pélérinages aux églises qui lui sont dédiées, obtiennent des grâces et des faveurs particulières.

Ce n'est donc pas sans raison que Barbe d'Ernecourt ne manque point de recourir, dans ses besoins, vers Notre-Dame de Benoîtevaux, avec zèle et confiance. Or, pour bien connaître et honorer sa ferveur envers la sacrée Vierge, il faut, avant que de rapporter ce qu'elle a fait en vénération du lieu dont nous parlons, décrire sa situation et ses appartenances.

Benoîtevaux est une place dépendante de l'Abbaye de Notre-Dame de l'Etanche, de la Congrégation qui se nomme ordinairement de l'ancienne rigueur de saint Norbert, Instituteur de l'ordre de Prémontré. Cette place a été donnée par un évêque de Verdun, appelé Albero de Chiny, fils d'Arnoul comte de Chiny. Cet illustre prélat, après une infinité d'actions qui témoignent la force de son esprit, sa prudence et sa sainteté, se fit religieux dans le monastère de Saint-Paul, à Verdun, où il vécut et mourut saintement.

L'une de ses libéralités fut la terre de Benoîtevaux, située dans une vallée, au milieu des bois. Les villages les plus proches sont à une lieue; les villes les plus voisines en sont éloignées de quatre ou cinq lieues, comme Saint-Mihiel, Verdun, Bar-le-Duc et Clermont.

Ce que l'on y trouve de plus remarquable est la Chapelle de Benoîtevaux, et l'Image miraculeuse de la Vierge. Il y a quelques bâtiments et plusieurs cellules, pour loger les religieux de l'Ordre de Prémontré qui y résident, afin d'administrer les sacrements aux pèlerins, et leur prêcher la parole de Dieu. On voit, près de la Chapelle, une fontaine, dans la cour, qui ne tarit jamais; non pas même dans les extrêmes sécheresses. On la croit miraculeuse, à cause des guérisons admirables qu'elle opère.

Si on recherche l'origine du titre de Benoîtevaux, on apprendra qu'il lui fut attribué dès le moment que l'Abbaye de Notre-Dame de l'Etanche commença à en prendre possession. *Benedicta Vallis* est le mot latin. Sa signification et son antiquité sont remarquables. C'est une vallée bénite, depuis cinq cents ans que ce lieu appartient aux religieux de

Prémontré : vallée vraiment bénite, pour les merveilles qui y sont arrivées par l'intercession et les mérites de la Reine des anges.

La dévotion de Notre-Dame de Benoîtevaux est fort ancienne, telle étant la commune tradition de tous les habitants de cette contrée, qui assurent, et déposent par serment juridique, avoir toujours vu la pratique des dévots pélérinages, en cette vénérable place. Ils disent même l'avoir appris de leurs aïeux, qui protestaient que leurs ancêtres rendaient un pareil témoignage. Non-seulement les peuples, mais les plus grands seigneurs ont vénéré cet auguste lieu. René II, Roi de Sicile et duc de Lorraine, alla à Benoîtevaux, pour mettre sa personne et son État sous la protection de la Vierge, au temps d'une calamité publique. Les armes de Jean, cardinal de Lorraine, fils de ce René, qu'on voit en plusieurs endroits de la Chapelle, sont des preuves de la dévotion et de la libéralité de ces princes.

Le malheur des guerres ayant causé celui du refroidissement de la piété, le concours n'était plus ni si grand, ni si fréquent à Benoîtevaux. Bien que la volonté des Chrétiens ne fût pas moins ardente, la difficulté de s'y transporter les en dissuadait, parce que les voleurs infestaient tout le pays, et particulièrement cet endroit, qui est environné de bois. L'insolence des Soldats ayant passé jusqu'à y commettre des impiétés et des profanations horribles, l'Amazone chrétienne se résolut d'y donner ordre.

CHAPITRE XVI.

De quelle manière elle a maintenu la dévotion de Notre-Dame de Benoîtevaux.

Pour boire l'eau bien pure, il la faut puiser dans sa source. La vérité n'est jamais bien connue, que quand on l'apprend de la bouche ou de la plume des auteurs, ou des témoins qui ont été présents aux actions dont l'on traite. J'ai lu exactement la lettre écrite par Mme de Saint-Balmon à son Directeur, sur le sujet dont il est question. Si ceux qui ont mis au jour l'*Histoire de Notre-Dame de Benoîtevaux*, l'an 1644, l'avaient consultée, j'aurais suivi leur sentiment. Je m'attache donc plus volontiers au rapport de celle qui a tout fait en cette pieuse conjoncture.

Le premier mot de sa lettre est : *Par obéissance;* pour signifier que, comme, sans le commandement du Père qui gouvernait sa conscience, elle n'aurait jamais pris la résolution de déclarer des choses qui tournent à sa propre gloire, la même raison l'obligeait de ne point dissimuler la vérité.

Elle mande que, déplorant, un jour, la ruine d'un lieu nommé les Anglecours, où il y avait une Chapelle dédiée à sainte Barbe, et des reliques de cette servante de Dieu, son Aumônier lui dit que Benoîtevaux souffrait bien d'autres misères, quoiqu'il s'y fît de grands miracles.

Ce discours la touchant, la voilà aussitôt dans le dessein de retirer l'Image de la Vierge d'entre les mains des Cravates, qui la briseraient enfin et la profaneraient, s'ils n'en étaient promptement empêchés. La crainte néanmoins de choquer les religieux de Saint-Norbert, à qui la place de Benoîtevaux appartient, l'obligeant de ne se pas hâter, elle alla exprès à Verdun, pour consulter, sur cette affaire, un chanoine de la cathédrale, nommé Monsieur Chenet, homme d'une haute vertu. C'est lui qui excita la Reine Régente, Anne d'Autriche, d'entrer dans les Confréries de Saint-Joseph et de Saint-Isidore, l'assurant que, par ce moyen, elle aurait une heureuse lignée. Les effets ont prouvé la vérité de cette prédiction.

Le bon ecclésiastique alluma, par ses paroles ferventes, un nouveau feu dans le cœur de Barbe d'Ernecourt, pour l'encourager à l'exécution de son pieux dessein. « Si « vous rendez, lui dit-il, ce service à la « sainte Vierge, ce sera la cause du bonheur « de votre maison. Dès que vous aurez placé « l'Image de la Reine des anges dans votre « Chapelle, dites-lui avec confiance : *Mère de* « *Dieu, puisque je vous loge, et que j'ai eu soin* « *de vous, c'est la raison que vous me protégiez*

« *et conserviez ce qui m'appartient. J'espère que* « *vous me procurerez auprès de vous un loge-* « *ment pour l'éternité.* »

Quoique la dame de Saint-Balmon attribuât ce discours au zèle du chanoine, non pas au mérite de l'action qu'elle voulait faire pour honorer la sainte Vierge, elle ne laissa pas d'en être fort embrasée. Dès le lendemain de son retour, le 29 juin, jour des saints Pierre et Paul, 1639, après avoir communié avec la plupart de ses domestiques, au nombre de trente ou environ, elle sortit à pied de son château de Neuville, qui est à une lieue de Benoîtevaux. Les gentilshommes et demoiselles réfugiés dans son village l'accompagnèrent, et son Aumônier marchait à la tête, chacun gardant un profond silence durant le chemin.

L'esprit d'Alberte était, pour lors, merveilleusement agité, se figurant que son entreprise n'était pas agréable à Dieu; que chacun se moquerait de sa ferveur indiscrète, et que les religieux, maîtres et propriétaires du lieu, n'auraient pas négligé cette affaire, s'ils l'avaient jugée raisonnable. Cette agitation ne cessa que dans la Chapelle, lorsqu'elle en vit le déplorable état, les profanations et les ordures, qui apaisèrent son trouble intérieur, et lui persuadèrent que son dessein était juste. S'étant tous mis dévotement à genoux, ils chantèrent l'Hymne du Saint-Esprit, et quelque autre à l'honneur de la Vierge.

CHAPITRE XVII.

Elle apporte l'Image de Notre-Dame de Benoîtevaux dans la Chapelle de son château de Neuville.

Les actions extraordinaires de piété sont toujours accompagnées d'une générosité non commune. Quoique la prudence des chrétiens les oblige de se resserrer dans les termes de la voie ordinaire, pour se bien conduire, ils font souvent néanmoins des œuvres qui, sans miracle, paraissent miraculeuses. La révélation est nécessaire, dans les occasions qui sont entièrement au-dessus de la nature : sans elle, toutefois, on peut s'engager dans des desseins hardis, et qui pourtant n'ont rien de téméraire.

Nous sommes dans une conjoncture semblable. Mme de Saint-Balmon, après les prières qu'elle fit d'abord en l'église de Benoîtevaux, dit à son Aumônier qu'il montât sur l'autel, pour prendre l'Image de la Vierge. Un de ses gentilshommes, le prévenant trop promptement, s'efforça de la remuer, mais sans aucun effet : alors il s'écria qu'il était impossible de la tirer de sa place. Un événement si étonnant renouvela les doutes de Barbe d'Ernecourt, qui enfin, ne perdant point courage, ordonna derechef à l'Aumônier d'exécuter sa première intention. L'Image ne faisant aucune résistance au prêtre, la compagnie attribua ce qui était arrivé auparavant au peu d'adresse du cavalier, qui ne l'avait pas prise assez bas.

La joie fut grande dans cette pieuse troupe, qui n'avait aucunes armes que des chapelets, et la protection de Dieu, quoiqu'elle fût en péril imminent, au milieu des bois, qui servaient de retraite aux voleurs des armées. Mme de Saint-Balmon n'y allait jamais qu'à cheval, bien armée, à la tête de gens aguerris: cependant, la voilà désarmée, et sans monture, dans le hasard de rencontrer des coureurs, qui ne l'épargneraient pas, à cause qu'elle les harcelait et maltraitait continuellement. Elle revient néanmoins heureusement en son château de Neuville; et c'est un effet évident du secours de la Vierge.

Pour faciliter le transport du sacré dépôt, et y observer toute la bienséance requise, on alla dans la forêt couper deux grands et forts bâtons, pour porter l'Image, qu'on enveloppa dans une nappe que prêta une femme trouvée inopinément sur les lieux. Cette Image est de pierre fort massive (1), de la hauteur d'environ trois pieds et demi. Alberte d'Ernecourt choisit un gentilhomme de ses voisins, nommé Longchamp, qui l'escortait en ce dévot pélérinage, pour se charger ensemble

(1) C'est à dire dense, dure comme du marbre.

du vénérable fardeau, parce qu'ils étaient de même taille. Ils l'ajustèrent si proprement avec les bâtons, que chacun de son côté en tenait deux bouts sur ses épaules.

Au sortir de Benoîtevaux, l'Aumônier entonna le *Te Deum*, que tous les assistants continuèrent avec ferveur, tant ils étaient satisfaits de se voir possesseurs d'un si précieux gage. Durant le chemin, les cantiques de dévotion ne cessaient point, particulièrement ceux qui sont dédiés à l'honneur de la Vierge. Les premiers porteurs furent soulagés par d'autres, d'autant que le sacré fardeau pesait grandement; mais avec cet ordre, qu'aucuns n'étaient employés en ce pieux ministère, s'ils n'étaient ecclésiastiques, ou gens de condition. De vrai, les plus éminentes personnes, et les plus relevées, doivent tenir à gloire d'être soumises à la Mère de Dieu. Les rois la révèrent comme leur reine, les princes comme leur souveraine; et il n'y a point de créature qui ne fasse volontiers hommage à celle de qui le Créateur a voulu naître.

Les gentilshommes s'empressant à l'envi, afin de porter un joug si doux et si auguste, le voyage se trouva trop court pour les contenter tous. L'un d'eux, appelé Louvion, est digne d'une louange particulière. Une fluxion sur l'épaule lui causait des douleurs vives et continuelles, sans les autres maladies dont il était travaillé. Sa confiance néanmoins au secours de la Vierge l'encourageait : ayant une fois pris la sainte Image, il ne la quitta point qu'au bout d'une demi-lieue, et ne voulut souffrir l'aide de personne.

Monsieur Nicolas(1), Prieur de Saint-Hilaire et Curé de Neuville, vint au-devant, avec la plus grande partie de ses paroissiens, en procession. Ce personnage dévot et prudent était chanoine régulier de Saint-Augustin, de la Réforme du sieur de Matincourt, et coopérait beaucoup, par sa prudence et sa piété, aux vertueux emplois de Mme de Saint-Balmon. Le chant des hymnes de la Vierge fut tout l'entretien des uns et des autres, jusque

(1) Nicolas Varrin, d'après le P. Desbillons.

dans l'église paroissiale, où l'Image fut posée. Ensuite on s'acquitta solennellement des Vêpres des saints Apôtres Pierre et Paul. La Maîtresse du village, qui fut présente à toute la cérémonie, demandant au pasteur s'il en voulait avoir le soin et la garder dans son église, il s'en excusa, de crainte d'encourir la disgrâce des religieux de Saint-Norbert, dont il dépendait.

La possession rendant celle qui s'en était saisie d'abord plus hardie : « Je m'en vais la « placer, dit-elle, dans ma Chapelle domes- « tique, où je ferai en sorte que tous les « honneurs imaginables lui soient rendus ; et « je périrai plutôt que de souffrir qu'on l'en- « lève, ou qu'on la profane. » Après cette résolution, elle la conserva depuis le jour des saints Pierre et Paul, 1639, jusqu'à celui de l'Annonciation, 1641.

Or, les Révérends Pères de l'Ordre de Prémontré s'étant résolus de demeurer à Benoîte-vaux, pour contribuer à la dévotion des peuples, qui y venaient de tous côtés, Mme de Saint-Balmon leur restitua le sacré dépôt. Je raconterai la manière de cette restitution, après avoir fait le narré des merveilles arrivées dans Neuville, durant que l'Image y était gardée.

CHAPITRE XVIII.

Les miracles opérés à Neuville, pendant que l'Image de Notre-Dame de Benoîtevaux était dans la Chapelle du château.

Les digressions, qui donnent quelquefois du lustre aux discours d'éloquence, quand on les y emploie judicieusement, sont de mauvaise grâce dans les histoires, qui ne requièrent autre chose qu'une nette déduction, et nullement embarrassée, des faits dont il est question. Or, comme on ne doit parler, dans la vie des particuliers, que de ce qui les touche, aussi n'ai-je pas dessein d'alléguer en cet ouvrage, sinon les miracles qui ont été opérés dans le temps que Barbe d'Ernecourt tenait la vénérable Image sous sa protection:

les autres ont été amplement déduits dans le livre mis exprès en lumière sur ce sujet.

Quoique notre Amazone méritât l'approbation universelle, pour ce témoignage de son zèle et de son courage, les censeurs injustes ne laissèrent pas de la blâmer. Les Pères mêmes de la Congrégation de Saint-Norbert ne pouvaient approuver cette action, craignant que la Vierge ne reçût pas, dans un logis séculier, toute la vénération requise. Trois semaines après que l'Image entra dans le château de Neuville, quelques religieux de l'Abbaye de Saint-Paul de Verdun, qui appartient à cet Ordre, vinrent à Neuville partager le tiers des dîmes qu'ils ont en ce village. Cette occasion les engagea dans une conférence avec la Dame de la paroisse, qui ne manqua pas de les assurer qu'elle ne prétendait point s'approprier aucunement l'Image.

« Mon seul but, dit-elle, a été de la tirer « des mains des Cravates, qui la profanaient. « Elle est plus révérée dans ma Chapelle, où « l'on célèbre tous les jours la Messe, et où « l'on récite tous les soirs les litanies, qu'elle

« n'eût été à Benoîtevaux, qui était entière-« ment abandonné. » Ce petit discours désabusa les bons Pères, qui furent encore mieux persuadés de la justice de son action, par les miracles suivants.

Le vingt-deuxième jour de juillet, dédié à sainte Magdeleine, une grêle extraordinaire tomba, accompagnée d'une horrible tempête, qui ruina les grains de Neuville et de son voisinage. Mme de Saint-Balmon voyait de sa fenêtre ce désastre sans aucune crainte, se confiant en la protection de la Reine des anges, qui était logée dans sa maison. Les principaux de ses sujets accoururent au château, pour lui raconter leurs misères et leurs désastres : la trouvant constante, ils dirent qu'elle avait raison de se consoler, vu que ce qui lui appartenait n'était aucunement gâté ; et que non-seulement ses propres terres étaient sauvées, mais encore le quartier où elle avait droit de dîme.

On doit remarquer que, quelques-uns de ses héritages étant enfermés de tous côtés, au milieu de plusieurs autres, qui n'étaient pas à elle, les siens n'avaient reçu aucun dommage, quoique ceux qui les bornaient fussent perdus, et dans une désolation entière. Dès lors, tous ses soins tendaient à remercier la sainte Vierge, sa bienfaitrice.

La femme d'un fermier de la même paroisse était en travail d'un enfant mort dans ses entrailles, dont elle ne pouvait se délivrer, quelque remède qu'on y employât. Notre Alberte, l'ayant visitée un soir, lui donna des reliques, et d'autres pieux secours, qui sont en usage dans ces occasions si périlleuses. La malade n'en recevant aucun soulagement, le lendemain, à huit heures du matin, elle lui rendit une seconde visite, mais après avoir fait sa prière devant l'Image, à qui elle fit toucher un des bâtons qu'on avait apportés de Benoîtevaux. La sage-femme assurant, en présence d'une bonne compagnie, qu'il n'y avait plus d'espérance, la pieuse dame remontra à la personne qui s'en allait mourir, que toutes les assistances humaines se trouvaient courtes, et qu'il fallait recourir à Dieu, par l'entremise de la Vierge. « Faites célé-

« brer, lui dit-elle, quelques messes devant « son Image, qui est dans ma Chapelle, et « résolvez-vous de la servir fidèlement le « reste de votre vie. Le bâton que je tiens, « ayant touché cette Image, peut vous guérir « et mettre en repos. Ayez la foi. » La malade, l'embrassant, fit aussitôt son vœu, et eut une heureuse délivrance.

Il est juste d'attribuer aux mérites et intercessions de la sainte Vierge le bonheur des combats de l'Amazone chrétienne, particulièrement de celui d'Oinville, où elle mit en déroute un puissant parti des ennemis. Les événements extraordinaires qui nous arrivent en suite du recours que nous avons aux amis de Dieu, nous obligent de l'en reconnaître pour le seul auteur, parce qu'il exécute volontiers les désirs des âmes saintes. La dame de Saint-Balmon encourut un grand péril à Oinville, et reçut plusieurs blessures, dont les cicatrices, qu'elle a portées jusqu'à la mort, sont des preuves de l'extrémité où elle s'était trouvée en cette rencontre. Le soir avant que de partir, priant Dieu devant la sainte Image, elle demanda humblement et avec ferveur la protection de la Reine des anges, qui la conserva et rendit victorieuse.

Je ne décris pas maintenant les particularités de cette action guerrière, la renvoyant parmi les autres, que je déduirai de suite, après que j'aurai allégué les pratiques pieuses.

CHAPITRE XIX.

Le narré du retour de l'Image dans la Chapelle de Notre-Dame de Benoîtevaux.

Les esprits raisonnables et justes suivent toujours les lois de la raison et de la justice, et n'ont point d'attachement qu'à la seule volonté de Dieu, qui est la règle et la mesure de toutes choses. Ils souffrent, même ils se procurent volontiers la privation des objets qu'ils estiment et chérissent davantage, quand ils croient que Dieu n'agrée pas qu'ils en demeurent les possesseurs : nous le voyons dans la conjoncture présente.

L'opération des miracles qui arrivaient souvent à Benoîtevaux consolait beaucoup Madame de Saint-Balmon, qui en avertit les religieux Norbertins de l'Abbaye de l'Etanche. Les Réformés de l'ordre de Prémontré l'occupent maintenant avec une singulière édification de tout le pays. Ils ont aussi une quantité de couvents en France et en Lorraine, où les rayons de leur saine doctrine et de leur saint exemple se répandent amplement, à la consolation des peuples.

Le Père Simon, Prieur de ce monastère de l'Etanche, homme d'une haute vertu, se transporta sur le lieu même, pour s'informer de la vérité. Les villes et les villages y allaient en procession, avec un grand concours de monde, dont la meilleure partie ne manquait point de passer par Neuville, pour vénérer la Mère de Dieu dans la chapelle du château.

Ces raisons persuadèrent à la prudente Dame de la rétablir dans sa première place, le jour de l'Annonciation, l'an 1641. Bien qu'elle s'estimât heureuse de posséder un si précieux trésor, elle s'en priva généreusement, pour le rendre aux légitimes propriétaires, et pour ne rien faire contre l'ordre ni contre la conscience. La pluie et un vent très-fâcheux obligèrent de mettre l'Image dans un carosse, et sur un gros lit de plumes, qui empêcha qu'elle ne se rompît quand le carosse versa dans le bois.

Les vassaux de notre Amazone, fort aguerris par ses soins et par son adresse, étaient sous les armes, et conduits par un de ses gentilshommes, appelé Manheule, le tambour battant. Le curé Prieur de Saint-Hilaire, assisté de l'Aumônier; le sieur des Armoises d'Aunoy, cousin de la dame de Saint-Balmon, quoique travaillé des gouttes, et qu'il ne pût même marcher dans sa maison sans bâton; une quantité de dames ses parentes, bref, tous ses domestiques firent, comme elle, ce pieux voyage à pied. Par ses ordres, on ne mena pas un seul cheval, afin de bannir toute pensée de soulagement. La boue avait tellement rompu les souliers de plusieurs de cette compagnie, qu'ils furent obligés de les tenir à leurs mains; autrement ils les eussent laissés dans la fange.

Les religieux de Benoîtevaux, autant surpris de voir ce pèlerinage en un si rude temps, qu'ils étaient contents de la restitution de l'Image, firent des honneurs et des remerciements extraordinaires à ceux qui leur donnaient cette satisfaction. Alberte d'Ernecourt, qui était le premier mobile et la première cause de toute la dévotion, soit quand on transporta l'Image à Neuville, ou qu'on la rapporta à Benoîtevaux, montra de la répugnance aux louanges qui la concernaient, mais beaucoup d'applaudissement à celles qui touchaient la Mère de Dieu.

Ce ne lui fut pas une petite peine de se priver d'un si riche trésor. Mais son déplaisir cessa, lorsque, considérant la joie des bons Pères qui devaient garder ce précieux dépôt, elle prévoyait qu'ils auraient grand soin de le vénérer, et de contribuer au salut des peuples qui viendraient s'acquitter de leurs vœux en cet auguste lieu. Elle persuada à son pasteur d'y mener plusieurs fois, chaque année, ses paroissiens en procession, où elle assistait exactement. Ils récitaient tout haut, en marchant, le chapelet, d'une manière fort dévote : étant divisés en deux bandes, ils disaient alternativement les *Pater* et *Ave Maria :* avant que de commencer chaque dixain, quelqu'un lisait le mystère sur lequel on devait méditer. La dévotion n'empêchait pas qu'ils ne fussent bien armés, pour se défendre dans les mauvaises rencontres.

Il ne faut pas oublier ici que la fervente chrétienne, étant dans la résolution de tirer la sainte Image de sa chapelle, se tourna vers ceux qui étaient présents, et leur dit : « Je ne « doute point que vous ne participiez à ma « douleur, dont le sujet nous est commun. « La cause de notre bonheur nous va être « ôtée. Je me trompe ; il est en notre pou- « voir de n'en être jamais séparés : faisons « en sorte qu'elle ne soit jamais éloignée de « nos cœurs : cela dépend de nous ; nous l'y « pouvons arrêter continuellement par nos « ardentes affections et par nos services as- « sidus ; nous sentirons toujours, par ce

« moyen, les effets de sa protection et de son « assistance. »

Tout ce récit est conforme au narré qu'en a fait Madame de Saint-Balmon, dans une lettre qu'elle écrivit à son Directeur. J'apprends encore d'ailleurs, et d'une part entièrement digne de créance, que, depuis ce généreux exploit de sa ferveur envers l'Image de Notre-Dame de Benoîtevaux, la dévotion des peuples circonvoisins, de vingt lieues à la ronde, s'est échauffée plus que jamais. A cause de la multitude des pèlerins et des processions continuelles, les religieux de Prémontré, du monastère de l'Etanche, de qui Benoîtevaux dépend, ont été contraints d'y établir une communauté de six prêtres, qui appellent souvent à leur secours des Minimes et des Jésuites de Saint-Mihiel, pour les aider à confesser.

Il n'y avait auparavant qu'une chétive ferme, peu logeable et fort malpropre : on y voit maintenant de beaux bâtiments, où demeurent les religieux, proche de l'église : ils ont tous leurs offices réguliers assez raisonnables, pour y pratiquer les exercices du cloître. Les logements qu'on a faits autour pour retirer les passants, et leur fournir de quoi vivre, quand ils viennent s'acquitter de leurs vœux envers la Vierge, sont commodes. Ce n'est plus un désert affreux : c'est une petite bourgade, divisée en plusieurs rues, qui sont habitées par des vendeurs de chapelets et de médailles, et d'autres artisans ou marchands, qui entretiennent le commerce de la vie humaine.

La Vierge obtient souvent la conversion des pécheurs les plus endurcis, quand elle est implorée par eux-mêmes ou par leurs amis, pour ce sujet. Le nombre de ceux qui communient en cette chapelle de Benoîte-vaux est admirable, et de grande édification. Les présents qu'on y fait enrichissent merveilleusement la sacristie : les calices, croix, images, lampes d'argent, et les autres magnifiques meubles d'église y abondent.

Les miracles y sont fréquents et dignes de foi ; l'exactitude qu'on apporte à les examiner, et à observer toutes les formes authentiques, nous empêchent d'en douter. Je n'en parle qu'en général, et succinctement, pour obliger les lecteurs d'honorer la mémoire de Barbe d'Ernecourt, de qui Dieu s'est servi pour renouveler, et même pour embraser davantage, par son exemple, la dévotion de Benoîtevaux. Elle y allait assez souvent, récitant tout haut, avec ses domestiques, le chapelet, de la manière que je viens d'alléguer; et cette méthode se gardait aussi au retour.

CHAPITRE XX.

Elle a beaucoup contribué à la vénération que l'on rend maintenant à Notre-Dame de Benoîtevaux.

Dieu n'emploïe pas seulement les causes secondes dans la production des effets naturels, mais encore de ceux qui sont entièrement divins, et au-dessus de la nature. La consécration du corps et du sang de Jésus-Christ est opérée sur nos autels par la bouche du prêtre, que Dieu choisit pour son coopérateur. Il se sert aussi de son ministère pour communiquer la grâce aux pécheurs dans le sacrement de pénitence. Il semble que Dieu a eu cette même vue, quand il a fait entrer Madame de Saint-Balmon, en quelque manière, dans l'opération des merveilles arrivées à Benoîtevaux. En effet, il a voulu qu'elle y contribuât par l'exemple de son zèle et de sa piété.

Le livre imprimé à Verdun sur ce sujet m'exempte de la déduction de beaucoup de particularités qui ne regardent point le dessein que j'ai d'écrire la vie de notre Amazone chrétienne. Je prétends seulement faire connaître à la postérité que, depuis qu'elle se fut saisie de la sainte Image, et qu'elle l'eût reportée dans la chapelle de Benoîtevaux, on remarqua plus de ferveur parmi les habitants des contrées voisines, pour honorer la Reine des anges, les miracles s'y étant multipliés et y étant devenus, en quelque façon, plus célèbres.

C'est pourquoi une multitude de personnes, qui faisaient ce pèlerinage, venait souvent au château de Neuville, comme pour témoigner à la maîtresse du logis l'obligation que tout le pays lui avait du renouvellement et de l'augmentation de l'ancienne piété. On y a vu quelquefois jusqu'à vingt-cinq ou trente prêtres, tant séculiers que réguliers, prendre le logement et la nourriture.

Les processions y faisaient leur station, même de quatre ou cinq paroisses ensemble. Un témoin oculaire et digne de foi a laissé par écrit, que deux grandes châsses, remplies des os des saints Firmin et Valentin furent posées quelque temps, dans une occasion pareille, sur l'autel où l'Image de Notre-Dame de Benoîtevaux avait été auparavant gardée : les reliques y furent découvertes et vénérées par les assistants; et, dès qu'on eût achevé le chant et les prières, la pieuse Saint-Balmon disposa promptement sa famille, pour conduire la procession hors de son village : elle voulut être de la partie, et donna un grand exemple, portant une des châsses loin, sur ses épaules, et plus de trois quarts de lieues, avec un de ses domestiques : l'autre reliquaire était aussi porté par deux de ses gens alternativement. Ils continuèrent cette dévote cérémonie jusqu'à Benoîtevaux, chantant des hymnes. Les litanies de Notre-Dame de Lorette furent récitées deux fois en musique par les serviteurs de Mme de Saint-Balmon, qui les savaient en perfection, et faisaient souvent des concerts fort agréables, étant instruits par d'excellents chantres, aux dépens de leur Maîtresse.

Les religieux de Benoîtevaux vinrent processionnellement un quart de lieue au-devant. Le supérieur prêcha incontinent après qu'on fut arrivé dans l'Eglise, et toucha tellement ses auditeurs, que les larmes qui leur tombaient des yeux furent des preuves évidentes de leur dévotion. A peine avait-on un peu repris haleine, qu'au bruit d'une nouvelle procession, qui était proche, celles qui l'avaient précédée se mirent en ordre pour l'aller recevoir assez loin. Barbe d'Ernecourt marchait à la tête, chargée encore de l'aimable fardeau d'une des châsses.

Les cérémonies qui se pratiquaient en ces conjonctures étaient admirables, et de grande édification. Or, comme il semble que Dieu avait suscité sa fidèle servante la dame de Saint-Balmon pour allumer dans son pays un nouveau feu de zèle envers la sainte Vierge, aussi les peuples se montraient-ils fort reconnaissants en son endroit, pour cette faveur. Voilà qu'à la sortie de Benoîtevaux, étant dans le dessein de retourner en sa maison, ils se jetèrent en foule sur elle, pour l'embrasser, avec tel empressement que, si elle ne fût entrée adroitement dans une boutique, on n'eût pas pu empêcher le désordre. Quelques-uns déchiraient ses habits, pour en garder des morceaux comme des reliques; les autres lui arrachaient les cheveux, tant on estimait ce qui lui appartenait, ou ce qui lui avait servi.

Après que les pèlerins avaient salué la Vierge, ils couraient la plupart à Neuville, pour voir celle qu'ils croyaient être la cause du renouvellement et de l'augmentation de la piété dans leur contrée. Ayant reconnu cette ferveur indiscrète, elle s'abstenait d'aller à Benoîtevaux au temps du grand concours de monde. Autrement, on l'eût accablée par un excès d'affection aveugle.

Quand le zèle n'est pas réglé, il en arrive souvent de mauvais effets. La précipitation trouble l'esprit de ceux qui agissent, confond leurs actions, et ruine leurs desseins. Les pauvres, particulièrement, ne laissaient point cette dévote dame en repos : ils l'environnaient sans cesse, non pas tant pour exciter sa charité, dont ils étaient assurés, que parce qu'ils n'étaient jamais rassasiés de considérer leur bienfaitrice. Afin de se tirer de leurs mains et de leur rencontre, elle confiait ses aumônes à un religieux, qui les leur distribuait de sa part.

La réputation de sa vertu, du bon ordre de sa famille et de ses libéralités admirables, mais principalement l'estime qu'on avait de sa dévotion envers la Vierge, dont on croyait qu'elle avait rétabli et augmenté le culte en ces quartiers-là ; ces puissantes considérations, jointes aux grâces que Dieu y avait répandues depuis, persuadaient aux pèlerins et aux autres qui assistaient aux processions, que s'ils ne visitaient la chapelle du château de Neuville, où l'Image de la Mère de Dieu avait séjourné quelque temps, et ne saluaient Madame de Saint-Balmon, leur pèlerinage n'était pas accompli.

Les personnes de toutes conditions y abordaient journellement en si grande affluence, que son logis semblait être le Bureau de toute la province, où le monde venait non pour donner, mais pour recevoir. Il ne se passait point de jour qu'il n'y logeât des religieux, ou d'autres ecclésiastiques, des gentilshommes, des dames ou demoiselles : les pauvres, entre les autres, étaient toujours les mieux venus : elle avait destiné un appartement qu'on appelait le Dortoir, pour servir de retraite aux gens d'église. Si elle considérait tant les particuliers, à plus forte raison les communautés des villes et des villages. A l'approche de leurs processions, elle courait au-devant avec ses domestiques, leur rendant même respect à la sortie, et les accompagnant jusques hors les limites de sa paroisse.

CHAPITRE XXI.

Sa constance sur la mort de son fils unique et de son mari.

Le ressentiment sur la perte de nos amis n'est pas toujours une marque de faiblesse. Ressentir un mal n'est pas se désespérer, mais seulement témoigner que l'on souffre. Avoir de l'insensibilité n'est pas avoir de la force, mais c'est être dur et stupide. Pourvu qu'on ne perde point courage dans les déplaisirs, on n'en est pas moins constant.

On ne doit pas donc s'étonner que l'Amazone chrétienne, qui avait beaucoup aimé son époux, durant qu'il vivait, ait été grandement touchée de sa mort. Son affliction ne recevait point de soulagement, que par sa conformité au bon plaisir de Dieu, et que par les prières qu'elle faisait, ou qu'elle ordonnait pour le repos des défunts. Son amitié maternelle et conjugale persévéra jusqu'à ce qu'elle sortit de ce monde.

Sa constance parut beaucoup dans la mort de son second fils : l'aîné, n'ayant vécu que deux jours, n'avait pas tant fait d'impression sur son esprit. Le cadet parvint jusques à quatorze ans, et donnait grande espérance. Les bonnes qualités qu'on y remarquait consolaient la mère, qui apporta toute la diligence imaginable, pour l'élever dans la vertu et dans la connaissance de tout ce qui peut rendre un gentilhomme accompli. Il étudiait à Bar, dans le collége des Jésuites, quand il mourut. Sa mort arriva l'an 1644, aussi bien que celle de son père, Dieu le voulant ainsi, afin que la double perte d'un cher mari et d'un fils unique tout ensemble signalât davantage la résolution d'une fidèle épouse et d'une tendre mère.

Cette funeste nouvelle fut un coup de poignard dans le cœur maternel : la plaie qu'elle en reçut a saigné le reste de ses jours : sa résignation à la volonté de Dieu et sa générosité naturelle la fortifiaient assez pour la tenir toujours dans son égalité ordinaire : la partie supérieure était la maîtresse; mais l'inférieure n'était pas sans alarmes sur le sujet de la mort de son fils : même dans sa dernière maladie, et jusqu'à tant qu'elle eût rendu l'esprit, elle n'en pouvait jamais entendre parler sans pleurer et sans soupirer.

La petite vérole emporta cet enfant dans un âge qui, faisant espérer des merveilles, justifiait et autorisait la douleur de la mère. Le laquais qui apporta la nouvelle de son décès avait ordre de ne lui en rien découvrir, et d'attendre que les religieux qui venaient pour cela fussent arrivés. Toutefois, Madame de Saint-Balmon, le rencontrant par hasard et l'assurant qu'elle connaissait le désastre par sa mine, le pressa tellement qu'il avoua la vérité. *Dieu me l'avait donné*, répondit-elle, *Dieu me l'a ôté : son nom soit béni. Est-ce là tant de mystère?* Ces paroles, qui montrent sa force, témoignent aussi sa piété.

Incontinent après, la saison de la Semaine-Sainte la conviant aux Ténèbres qu'on allait chanter, dès que le service fut achevé : « Mes-

« sieurs, dit-elle à ses habitants, l'Église « nous défend maintenant l'usage des clo- « ches, pour marque de sa tristesse sur la « mort de notre Sauveur: je ne veux pas « qu'en ma considération, on viole cette « sainte coutume : je suis une cloche vive et « parlante, qui vous annonce la mort de mon « fils unique. »

Les efforts qu'elle faisait pour modérer et dissimuler sa douleur étaient admirables : elle ne manqua pas un seul moment aux offices divins et à toutes les cérémonies ecclésiastiques, qui sont fort longues en ce temps-là. Ses agitations continuelles, qui la faisaient mettre tantôt à genoux, tantôt sur son siége, touchaient merveilleusement les personnes présentes, qui savaient le juste sujet de son déplaisir.

Cette première violence de son affliction dura jusqu'à la seconde fête de Pâques. Bien que dorénavant les marques n'en fussent ni si vives, ni si visibles, elles ne cessèrent pas entièrement; et partout elle donnait des preuves d'une Amazone vraiment chrétienne.

Son pasteur menant alors ses paroissiens en procession à la chapelle de Notre-Dame de Benoîtevaux, place de grande dévotion en Lorraine, elle y alla pieds nuds, avec une vigueur incroyable, quoique la traite fût d'une bonne lieue.

Le religieux qui était venu pour la consoler sur sa perte, lui dit en chemin : « Madame, « la constance que vous témoignez sur l'é- « preuve sensible que Dieu vous envoie, me « donne la confiance d'ajouter de sa part en- « core un coup de verge, pour votre sanctifica- « tion : plusieurs de vos parents vous attri- « buent la cause du décès de Monsieur votre « fils. » Il les lui nomma ensuite.

On doit ici excuser l'indiscrétion du religieux, qui jugeait cette âme assez vertueuse, et capable d'une telle attaque. Quoique son jugement fût juste, la prudence l'obligeait de taire cette circonstance, ou d'en différer la déclaration, jusqu'à ce que la première salve de la fâcheuse nouvelle fût tout à fait essuyée. Admirons en même temps la force d'une si digne mère, qui supporta le coup en véritable chrétienne. Elle tomba néanmoins dans une maladie extrême, la nuit suivante : les médecins en désespéraient, et la malade ne laissa pas d'en revenir.

Le premier jour de la sortie du lit, le laquais qu'on avait envoyé à Bar, pour apporter les lettres de la poste de Paris, en tenait une d'un bon religieux, directeur de sa conscience, pour quelque amie intime de Madame de Saint-Balmon, qu'elle n'abandonnait point. Celle-ci voulut avoir la lettre, quoique l'adresse fût pour une autre, à cause qu'on la croyait n'être pas en état d'agir. Cela ne poulavant lui être refusé, la lecture lui apprit triste nouvelle de la mort de son mari.

A peine avait-elle achevé de lire, qu'elle pria tout le monde de se retirer d'un petit parterre où elle se promenait. Chacun obéit, excepté sa confidente, qui ne se put résoudre à la perdre de vue, craignant quelque accident. Celle-ci avait raison, puisque la nouvelle veuve, voulant s'asseoir sur les marches d'une porte, tomba de faiblesse. La dame, qui ne s'était pas éloignée, appela à son secours les domestiques.

Étant venus promptement, ils portèrent leur Maîtresse sur son lit, à demi étouffée; et le médecin ordonna qu'on la saignât: la décharge d'un sang tout bleu et corrompu, qu'on lui tira, ne l'exempta pas d'une fièvre continue, qui mit presque fin à sa carrière. Son oppression de poitrine la réduisit à tel point, que, l'espace de vingt-quatre heures, elle ne pouvait poser sa tête sur le chevet, tant la suffocation était violente. L'extrémité de sa douleur causait ces fâcheux effets, et déclarait jusqu'à quel degré montait son affection conjugale. Son esprit était, parmi ces agitations de la partie inférieure, toujours conforme au bon plaisir de Dieu.

Il est convenable de narrer maintenant de quelle manière son mari finit ses jours l'an 1644. Ses hauts mérites et ses services assidus l'avaient élevé à la condition de Lieutenant-Général de toutes les troupes du Duc de Lorraine. Il ne s'épargnait point dans les occasions ; mais il leur allait au-devant. Ayant été attaqué dans un retranchement par les alliés de la France, il se mit à la tête des siens, et fut tué d'abord d'un coup de mousquet. C'était une personne de bon sens, et du caractère de ces braves qui, ardents dans le combat et froids dans le conseil, ont un génie capable de tout. Il ne manquait à sa gloire que le choix et la défense du parti des Français : il est néanmoins louable d'avoir toujours eu une valeur sans reproche.

Si nous retournons vers sa dolente femme, nous la trouverons encore extrêmement malade. Ses vassaux et ses voisins, qui avaient un pareil intérêt à sa conservation, la demandèrent jour et nuit à Dieu, et l'obtinrent.

Quelques Gouverneurs de places importantes et plusieurs Chefs de guerre fort considérables la recherchèrent en mariage, Français et Étrangers : « Ne parlez point de « cela, disait-elle; vous me faites injure : « après avoir eu un mari dont j'honore sin- « gulièrement la mémoire, je n'en veux plus « d'autre. » Les avantages qu'ils lui promettaient, et dont on ne pouvait pas douter, ne la purent ébranler.

CHAPITRE XXII.

Sa piété s'augmente après la mort de son mari.

Dieu conduit ses amis par diverses voies. Il permet que quelques-uns soient dans le désordre, au commencement de leur vie, et même dans le progrès. Mais enfin, sa grâce les touchant, on les voit pratiquer solidement la vertu, et mourir en gens de bien, après avoir profité de leurs déréglements, par la pénitence qu'ils en ont faite et l'humiliation qu'ils en ont conçue. Les autres sont vertueux d'abord, correspondant fidèlement au secours du Ciel, qui n'abandonne jamais personne. On remarque pourtant un heureux changement dans leur conduite, lorsque, selon la diversité des conjonctures, ils avancent dans le chemin de la perfection chrétienne.

Madame de Saint-Balmon a toujours été vertueuse, et a toujours témoigné une particulière inclination à bien vivre. Cela parut singulièrement après le décès de son mari. Autant que cet accident lui était sensible, parce qu'il fut tué dans la première chaleur d'un combat, autant se détacha-t-elle du monde de tout son pouvoir, dès qu'elle eut entendu le récit qu'on lui en fit.

Le dégoût qu'elle eut des créatures par un événement si funeste, servit à l'attacher davantage à Dieu, et à régler sa conscience. Son plus grand regret, en cette occasion, était que, se mettant à la tête des troupes qu'il commandait pour le Duc de Lorraine, il mourut sans confession. Les Suédois, qui tenaient le parti de la France, l'attaquèrent dans un village du Luxembourg, où il s'était retiré : pour animer les soldats à la défense, il s'opposa le premier aux assaillants, et reçut un coup de mousquet, qui lui ôta la vie au même instant.

Depuis ce temps-là, sa veuve fit un nouveau progrès dans la vertu, et devint encore plus pieuse et plus assidue aux pratiques de dévotion, où elle associait non-seulement ses domestiques, mais encore ses amis, qui attiraient, par leur exemple, une quantité d'autres personnes à les imiter. Son Directeur lui avait dressé quelques règles pour passer dévotement la journée, pour honorer la Vierge, et principalement pour bien s'acquitter de l'examen de conscience du soir, qui se faisait tous les jours en commun dans son logis.

Un libraire de Verdun, qui avait sa boutique à Benoîtevaux, en ayant eu une copie, l'imprima et le dédia à Madame de Saint-Balmon, avec permission. Les nouvelles éditions qui s'en firent à Toul, Reims et Troyes, en peu de temps, et le grand nombre d'exemplaires qu'on en a débités, montrent l'estime que l'on faisait, non-seulement du petit livre, mais encore de la personne à laquelle il était offert. A son imitation, l'on s'en servait dans une infinité de familles, où chacun ne parlait que de faire des confessions générales, et de se préparer à la mort.

Non-seulement les bonnes âmes, mais encore les plus dépravées, participaient aux bénédictions d'Alberte d'Ernecourt : les pécheurs endurcis, qui, durant la licence effrénée que donne la guerre, vivaient dans le désordre, rentraient en eux-mêmes, et prenaient résolution d'amender leur vie.

Le Pasteur d'une Paroisse voisine entretenait une femme dans son Presbytère, au grand scandale de toute la contrée, depuis dix-huit ans. Les exhortations qu'on lui faisait sur ce sujet semblaient l'affermir davantage dans son déréglement. Il se rendit enfin aux pieux discours de celle dont nous parlons, qui lui proposa de se retirer dans son château, pour penser sérieusement à Dieu. La concubine fut chassée, et le Prêtre vint à Neuville passer sept ou huit jours en solitude, où il mit sa conscience en repos, par une confession générale. Sa conduite fut depuis pleine d'édification, et son troupeau beaucoup mieux gouverné. Durant qu'il était solitaire et dans la retraite, l'Aumônier de

Madame de Saint-Balmon faisait les fonctions de sa cure.

Je conclurai ce chapitre par une observation digne de remarque, qui prouve les heureux succès de la véritable piété. Avant que l'Amazone chrétienne eût appliqué ses soins à la défense et à la conservation de la Chapelle et de l'Image de Notre-Dame de Benoîtevaux, les coureurs des armées y commettaient d'étranges et horribles profanations, qui avaient beaucoup refroidi la dévotion des peuples, de sorte que les voies de Sion pleuraient, et les plus zélés n'osaient en approcher, craignant de tomber entre les mains des Cravates.

Mais, depuis que la courageuse Dame se fut déclarée ouvertement contre les ennemis de la Mère de Jésus-Christ, jamais les Pèlerins ne furent inquiétés : mais ils marchaient librement en paix et en tranquillité, sans être troublés par aucune fâcheuse rencontre. Dieu s'est voulu servir d'elle manifestement en cette conjoncture, les Gouverneurs des villes des deux partis, à trente lieues à l'entour, ayant volontiers accordé, en sa considération, des passeports et des sauvegardes, pour les particuliers qui entreprenaient ce dévot pèlerinage et pour les Processions entières.

CHAPITRE XXIII.

Elle fait vœu de chasteté.

Le vif regret de la mort de son mari n'est pas un effet d'attachement à la nature, mais une preuve de son amitié vraiment conjugale, et de sa soumission à la volonté du Créateur, qui ordonne, par le ministère de saint Paul, aux maris d'aimer leurs femmes, et aux femmes de chérir leurs maris. Le vœu qu'elle fit après le décès de son époux, montre combien son âme était dégagée des embarras du monde : dès le moment que cet accident si funeste lui fut annoncé, le Cloître eût été son unique retraite, si ses amis ne l'en eussent pas empêchée. Les raisons qu'ils lui alléguèrent du grand bien qu'elle opérait dans sa maison, pour la consolation des affligés et le soulagement des pauvres, la dissuadèrent d'exécuter le dessein d'être Religieuse.

Par le conseil de son Directeur, qui désirait d'éprouver son zèle, et voir de quel esprit il procédait, elle voua seulement la chasteté pour un an; et, continuant cette pratique quelque temps, elle renouvelait son vœu, au bout de chaque année, pour le même espace. Enfin, celui qui gouvernait sa conscience, voyant sa constance et sa ferveur, lui permit de s'immoler saintement à Dieu entre ses mains, et de prononcer son vœu en la forme suivante.

Formulaire de mon vœu de chasteté.

Au nom du Père, et du Fils, et du Saint-Esprit. Ainsi-soit-il.

O Dieu éternel, Père, Fils, et Saint-Esprit, je, Alberte-Barbe d'Ernecourt de Saint-Balmon, votre indigne créature, constituée ici en la présence de mon cher Sauveur, de sa très-sainte Mère, du Père Saint François, et de toute la Cour céleste, promets à votre divine Majesté, de mon plein gré, et purement pour votre amour, fais vœu de garder et d'observer tout le temps de la vie mortelle qu'il vous plaira me donner, une entière continence et chasteté, moyennant la faveur de votre Saint-Esprit, à l'honneur duquel je consacre tous les jours de ma vie. Qu'il vous plaise, ô Père céleste, d'avoir ce mien vœu pour agréable et irrévocable, avec ce sacrifice très-suave et très-salutaire du précieux Corps et Sang de mon Sauveur Jésus-Christ, par les mains et les mérites de sa glorieuse Mère, ma très-chère Patronne et Maîtresse, de mon séraphique Père Saint François, de mon Ange gardien et de tous les Saints, mes Avocats et témoins; et, puisqu'il vous a plu me l'inspirer, donnez-moi la grâce de l'accomplir à votre honneur et gloire. Ainsi soit-il. *Fait en ma Chapelle de Neuville, ce jour de l'Apôtre Saint Jacques,* 25 *juillet, de l'an de l'Incarnation de mon Seigneur Jésus-Christ* 1646. *En foi de quoi je, signée Alberte d'Ernecourt de Saint-Balmon.*

B. d'Ernecourt de Saint-Balmon.

Je produis le formulaire de son vœu en la même teneur que je l'ai vu dans l'original, dont je vous donne une copie fidèlement collationnée, sans y rien changer. Le double signe n'est pas sans raison. L'un est écrit de son propre sang, par une cérémonie digne de louange, puisque c'est une preuve de sa ferveur, qui, ne se contentant pas de l'encre ordinaire pour s'exprimer en dehors, puise dans ses veines la matière, qu'on peut nommer la parole, la langue et la bouche du cœur. Notre Amazone a toujours témoigné, dans sa conduite spirituelle et temporelle, un courage de feu, un ardent zèle, tempéré par la prudence.

Pour son autre signe, elle ne s'est point servie d'autre peinture que de l'encre ordinaire. Les deux se confirment réciproquement, et nous sommes bien persuadés, par ce moyen, de la force de cette grande âme.

Le présent le plus agréable que nous puissions faire à Dieu, est celui de notre volonté, dont il nous laisse l'entière disposition. Comme il nous est libre de la lui consacrer, aussi quand une fois nous la lui avons engagée par le vœu, il en reçoit la consécration avec beaucoup d'agrément. Au contraire, il a juste raison de s'offenser, si nous ne lui sacrifions pas nos cœurs, ou bien si nous sommes infidèles, après les lui avoir dédiés. Il vaudrait mieux ne pas vouer, que de promettre et ne pas exécuter sa promesse. L'Amazone a toujours eu une singulière fidélité pour Jésus-Christ, mais principalement après son vœu de chasteté.

Ensuite de cet acte si généreux, les amants qui s'empressaient dans la recherche de son alliance, n'y pensèrent plus, dès qu'ils eurent appris son vœu. Celui qu'elle faisait d'année en année les ennuyait; mais il ne leur ôtait pas entièrement l'espérance, comme ce dernier, qui les obligea de jeter leurs pensées ailleurs. L'entremise de personnes de très-haute considération, pour la porter à un second mariage, et la qualité non commune des Gentilshommes qui la recherchaient pour leur épouse, ne l'ébranlaient pas, mais la rendaient plus ferme dans son dessein de vivre en continence perpétuelle.

CHAPITRE XXIV.

Sa persévérance dans les bonnes œuvres.

Nous avons déjà discouru, en plusieurs chapitres, de ses vertus, et de son excellente conduite en toutes sortes de rencontres, dont nous avons reçu beaucoup d'édification : il ne reste plus que de voir sa persévérance. Quoique les actions de piété qu'elle a produites jusques à présent, nous obligent de la croire vertueuse, nous en serons néanmoins encore mieux persuadés par la continuation du beau règlement de sa vie. Les effets sont plus persuasifs que les paroles, je l'avoue ; mais, après que les actes de la sainteté d'une personne ont paru manifestement, ses paroles sur ce sujet sont dignes de créance, particulièrement quand elle n'en parle que pour obéir à celui qui la dirige.

Si on voulait mettre en lumière toutes les Lettres de Madame de Saint-Balmon et ses autres écrits, on en pourrait former un juste volume, qui édifierait grandement le public. Il suffit d'alléguer quelques lignes qui sont indubitables, parce qu'étant infiniment au-dessous du mérite de ce qu'elle a fait, elles prouvent la vérité de ce qu'elle dit : elle s'efforce d'obscurcir, même de cacher la splendeur de ses actions, par la simplicité de ses paroles.

Barbe d'Ernecourt écrit ainsi à son Directeur : *Pour ce qui est de moi, je vous proteste que je me tiens une des plus imparfaites créatures du monde : je ressemble à ces vieilles maisons qui, plus on y travaille, et plus y trouve-t-on à refaire. C'est ce qui me fâche, qu'il faut que j'y profonde* (1) *bien puissamment pour m'empêcher cet amour de moi-même, qui est l'origine et la source de tous les maux de mon âme. Je serais en danger de vous emplir toute votre lettre de mes défauts, si je voulais suivre mes sentiments.*

Examinons sa pensée sur le discours qu'elle fait de la révolte de ses passions : *Vous ne me tancerez pas pour ceux-là*, dit-elle,

(1) Latinisme pour dire *creuser*, en quelque sorte, son âme.

parlant des combats qu'elle livrait aux voleurs qui pillaient la campagne : *ils sont trop justes. Pour les autres, je les appréhende si fort, que j'espère, avec l'aide de Dieu, de n'y pas tomber. Ce ne sera pas sans de grandes violences, je vous l'avoue ; et ma vie, à la bien considérer, est un continuel combat d'esprit, ou une continuelle affliction du corps, pour les maux que j'y ressens : et, depuis que je n'ai eu l'honneur de vous voir, je ne crois pas avoir eu huit jours de santé. J'aime pourtant bien mieux être affligée du corps que de l'esprit, qui, dans cet état, me reste sain, et me fait servir de ma raison, pour juger qu'il y a de la satisfaction de pâtir pour Dieu. C'est ce qui ne se trouve point dans les tentations, où il faut que je fasse la guerre contre moi-même, et ne pas vouloir ce que naturellement je passionne* (1).

Si elle déclare son humilité dans les paroles précédentes, ces dernières sont des marques de sa force à combattre ses passions,

(1) Expression forte, ayant la même signification active que le verbe *ardere* des Latins.

et de sa patience dans les douleurs corporelles. Son exactitude aux exercices de dévotion va maintenant paraître.

Je tâche de faire tout mon possible à ne point manquer aux ordres que j'ai de vous; et quelles affaires que j'aie, je dérobe toujours de mon temps et de mon repos, pour n'y point manquer. Je suis accablée à faire des convois; s'il s'en fait quelqu'un de Bar à Verdun, c'est pour moi : mes gens et mes chevaux sont sur les dents; et moi, je m'en porte bien. Tous ceux à qui je rends ces services sont contraints d'avouer que je sers plus le Roi que beaucoup de Gouverneurs qui ont du monde : et moi, je n'ai que mes pauvres domestiques, et ma personne, que je n'épargne pas, pour le bien du prochain. J'espère que Dieu agréera mes petits services, puisqu'ils ont pour but sa gloire, et le bien de mon prochain.

Le trait qu'elle insinue, par occasion, de l'exercice qu'elle donne aux ennemis par ses armes, nous fait voir la droiture de son intention, qui regarde purement l'honneur de Dieu, Dieu des armées, et l'assistance des misérables. Nous voilà déjà préparés au narré de ses exploits belliqueux, et à la reconnaître également vertueuse et louable, soit qu'elle tienne le chapelet, ou l'épée.

CHAPITRE XXV.

Son égalité parmi ses emplois et les alarmes de la guerre.

Quand les événements fâcheux et redoutables continuent sans interruption, on les souffre plus aisément, on s'y accoutume, et ils ne semblent plus si terribles. Les peuples des frontières qui servent de théâtre à la guerre s'aguerrissent enfin et font tête aux soldats ; ou bien ils vivent avec eux sans bruit, et dans une mutuelle correspondance. Les grands troubles de la campagne n'arrivent ordinairement qu'à la première marche des troupes, qui, surprenant leurs hôtes, n'observent aucune discipline et n'ont point de retenue. Cette remarque est quelquefois véritable en ce qui concerne le temporel, non pas le spirituel, ni le service de Dieu. Tant plus la guerre dure, tant plus les Sacrements sont négligés, les Eglises profanées, et les règles de la piété abolies.

Notre Amazone chrétienne est au-dessus de toutes les tempêtes, et les agitations continuelles et violentes de la Province ne changent rien dans sa conduite ordinaire. Elle est toujours égale dans sa dévotion. Si son économie extérieure ou temporelle va bien au milieu des armées, l'intérieure ou spirituelle est encore dans une meilleure disposition. Ce que nous avons dit d'abord de sa maison ne diminue pas, mais croît à mesure que la guerre est plus enflammée. Le repos qu'elle procurait à ses vassaux et à ses voisins, par son adresse et par sa vaillance, ne sert qu'à la rendre plus exacte aux pratiques des vertus.

Son village, quoique de médiocre étendue, est dans un terroir fertile et dans un plat pays. D'un côté, à demi-lieue, sont des bois vastes et touffus, où les Cravates se retiraient quand la France et l'Espagne commencèrent à se battre. On entendait alors, par les Cravates, les ennemis, tant Bourguignons de la Franche-Comté et du Luxembourg, que Lorrains : on y comprenait aussi les garnisons des villes plus proches qui tenaient contre les Français. Après que Madame de Saint-Balmon les eût délogés de leur retraite, par ses actions généreuses, ils ne laissaient pas de faire souvent des courses dans la contrée, vers Bar, Saint Dizier, et les autres confins du Barois et de la Champagne. Tous les villages de ces quartiers-là participaient à la ruine commune, et demeuraient sans habitants, qui s'étaient réfugiés dans Neuville. Ceux qui purent sauver leurs chevaux allaient secrètement labourer leurs terres jusqu'à une lieue et demie, et faisaient la récolte, sous la sauvegarde et protection de l'Amazone, qui les recevait volontiers dans sa Paroisse, et les assistait de ses aumônes.

Tous ses sujets étaient riches, parce qu'ils ne payaient aucuns impôts, ni contributions, jouissant paisiblement de leurs revenus et du fruit de leurs travaux. Neuville, étant bien fermé et barricadé par les soins de la *Dame*, s'accrut en peu de temps par des bâtiments nouveaux, pour y loger des hôteliers et toutes sortes d'artisans, comme armuriers, serruriers, ménuisiers, fondeurs en cuivre, cordonniers, selliers, orfèvres, merciers, chirurgiens, qui avaient abandonné les villes. En effet, ils n'y pouvaient plus subsister, à cause des logements des Soldats, et des autres charges ; au lieu qu'ils étaient délivrés de ces misères dans Neuville, où l'on les obligeait seulement d'être bien armés, et de savoir le métier de la guerre, pour entrer en garde à leur tour, et courir sus aux Cravates.

Voilà des effets non seulement de l'intelligence et habileté de Barbe d'Ernecourt, mais beaucoup plus des bénédictions qui lui venaient d'en haut pour récompense de sa piété, qu'elle redoublait parmi les alarmes et les tumultes de la guerre: elle ajouta de nouvelles pratiques de vertu aux premières que nous avons alléguées.

La dévotion qu'elle avait pour Saint Elzéar lui fit volontiers embrasser le Tiers-Ordre de saint François, à son exemple. Elle faisait aussi exactement observer son Décalogue dans sa famille: les jeux de hasard, l'ivrognerie, la discorde, les jurements, blasphèmes et autres désordres n'avaient aucun accès dans son logis, ni même dans son village, où il était défendu de boire ni manger dans les tavernes durant le service de l'Eglise, et aux taverniers de vendre du vin ni autres denrées. Personne ne se plaignait d'y avoir rien perdu, parce que les contrevenants étaient punis par de bonnes amendes, dont ils n'étaient jamais dispensés.

Quelle merveille de voir une Cavalière joindre l'exercice des armes avec les règles de la plus haute vertu! Quel sujet d'étonnement de la considérer toujours en attente des occasions de combat, en Capitaine ou en Soldat; et cependant mener la vie d'une parfaite Religieuse! Ce n'est point user de répétition, de dire qu'Alberte d'Ernecourt n'a pas discontinué, mais augmenté les actes de sa dévotion dans la plus grande chaleur de la guerre.

Alors, comme auparavant, on ne mangeait

point de viande le mercredi, dans sa famille. S'il y survenait quelques personnes au-dessus du commun, on leur en présentait. Elle jeûnait tous les vendredis et samedis, avec la plupart de ses domestiques qui n'avaient pas des occupations fort laborieuses. Elle entendait tous les jours les deux Messes qu'on célébrait en sa Chapelle; et ses gens, pour le moins une. Ils étaient tous du Rosaire, du Scapulaire, et de l'Esclavage de la Vierge; ils se confessaient et communiaient tous les quinze jours ou environ: mais elle n'y manquait jamais aux Dimanches ni aux Fêtes, son exemple étant suivi de plusieurs de son train, qui admiraient sa ferveur et sa piété. Le matin, après ses oraisons mentale et vocale, et sa lecture spirituelle, elle allait, à six heures, avec ses demoiselles et femmes de chambre, au nombre de six ou sept, réciter ensemble, en sa Chapelle, le petit Office de la Vierge, jusqu'à None inclusivement. A trois heures du soir, elles y retournaient, pour dire Vêpres et Complies, et d'autres prières.

Sa terre de Neuville lui restant seule durant les troubles, elle ne laissait pas d'entretenir sa famille avec honneur et de faire ses libéralités ordinaires avec un accroissement notable. Sa retraite de dix jours chaque année, pour renouveler ses bonnes résolutions, et s'y affermir, n'a jamais été interrompue, quelque révolution qui soit arrivée. Elle destinait même un jour de chaque mois à cette fin.

Les lecteurs doivent apprendre ici que, par l'exacte correspondance à la grâce de Dieu, nous pouvons tout ; nous pouvons, dis-je, vivre religieusement hors du Cloître, et nous sanctifier dans la guerre. On a donc grand tort d'attribuer le déréglement aux occasions, qui ne nous font pas méchants, mais qui déclarent (1) notre faiblesse et notre malice.

(1) En cet endroit, et dans plusieurs autres passages qui précèdent ou qui suivent, *déclarer* signifie *montrer*, *faire éclater*.

CHAPITRE XXVI.

Préparation au récit de ses exploits guerriers.

Ce titre n'a guère de rapport avec le contenu des chapitres précédents. Après avoir narré tant de faits d'une piété singulière, et d'une exacte application au service de Dieu, quelle apparence de raconter des combats sanglants et funestes? Le sexe même de la personne de qui l'on parle, semble répugner à l'exercice militaire. Si les femmes sont estimées vertueuses et saintes, ce n'est point dans les fonctions de la guerre qu'elles ont acquis cette réputation, mais dans la pratique des vertus conformes à leur état, qui cherche des occasions plus douces et plus tranquilles. Nous discourons maintenant de la voie ordinaire, qui ne souffre pas que le sexe féminin soit belliqueux, l'épée et les armes étant réservées aux mâles par la raison et par la nature. Or, Dieu, qui est le maître de l'une et de l'autre, ne peut-il pas employer les femmes dans les combats et dans les siéges? Tout ce que Dieu fait est juste et raisonnable; quand il agit au-dessus de la raison et de la nature, il ne fait rien contre elles. Au reste, que trouve-t-on tant au-dessus d'elles, lorsqu'il ôte aux faibles leur faiblesse, pour les rendre forts et courageux? Il ne les détruit point; mais, en les fortifiant, il les perfectionne.

Judith, Débora et la Pucelle d'Orléans n'ont point été des monstres (1), mais des créatures merveilleuses, que leurs siècles ont admirées, pour les avantages qu'ils en recevaient, et que la postérité bénit, pour le grand exemple de courage et de conduite qu'elles nous ont laissé.

Si l'on objecte que l'Esprit de Dieu les animait, pourquoi ne croira-t-on pas cela de notre Amazone chrétienne? Il n'est point nécessaire d'opérer des miracles en preuve de la justice des actions qui passent le commun : il suffit d'en voir les heureux succès,

(1) C'est-à-dire des êtres extra-naturels. — Latinisme.

pour conclure que Dieu les approuve, et les peuples ont sujet d'en être édifiés, quand tout réussit à leur consolation, et que les règles de la véritable piété ne sont point violées, mais, au contraire, observées avec exactitude.

Je ne m'étonnerais pas d'entendre maintenant des murmurateurs juger mal de Madame de Saint-Balmon, lorsqu'ils la considèrent seulement dans des mêlées, où elle répand le sang humain et fait des carnages : mais je serais scandalisé si, après qu'ils sont convaincus par la splendeur de ses vertus chrétiennes, ils doutaient encore de son intégrité, puisque la sainteté n'a pas moins d'union avec la guerre, qu'avec la science. Les savants ne sont pas ordinairement humbles : ils ne sont pas, néanmoins, toujours enflés ni orgueilleux. La douceur et la modestie semblent incompatibles avec l'exercice militaire, je l'avoue : toutefois, disons seulement que cela n'est pas ordinaire, mais possible, comme nous le remarquons en la personne qui est le sujet de cette histoire. Ayant le cœur martial et la naissance noble, qui l'empêcherait de vivre noblement, et en Amazone?

La répugnance de ses emplois guerriers ne vient point donc d'eux-mêmes, ni de son sexe. En quelque condition que nous soyons, pourvu que notre génie soit élevé, nous montrons de l'élévation en toute rencontre. Si notre esprit est bas et lâche, nous faisons paraître partout de la bassesse. Il est bien plus louable, et plus agréable aussi, qu'une femme monte à cheval, et tire le coup de fusil, que de voir un homme filer la quenouille. De plus, je soutiens que, comme c'est une ignominie de s'occuper en des exercices qui sont au-dessous de sa condition, il y a de la gloire à l'ennoblir et à la relever par la hauteur de ses occupations, pourvu que l'on ne contrevienne pas aux règles de la prudence.

Plusieurs, qui entendaient parler de la conduite de Barbe d'Ernecourt durant sa vie, la blâmaient de la profession qu'elle faisait des armes. Quelques-uns ne l'approuvaient pas; d'autres suspendaient leur jugement;

d'autres, enfin, et particulièrement ses voisins, sachant le règlement de sa famille, sa fidélité au service de Dieu, ses mortifications et sa charité envers le prochain, avaient beaucoup de vénération pour elle.

Ils entraient tous dans le même sentiment, lorsque, se transportant à Neuville, ils étaient témoins oculaires du bon ordre de sa maison et de ses excellentes vertus. Les docteurs et les esprits les plus illuminés d'entre les Ecclésiastiques, l'ayant observée de près, ont tous été d'avis et conclu que Dieu s'en servait pour édifier les peuples par son pieux exemple, et pour les secourir dans des calamités extrêmes.

Les plus célèbres Cordeliers, Capucins, Recollets, Carmes, Augustins, Jacobins, Jésuites et autres Religieux du voisinage, qui ont passé ou séjourné dans le pays Verdunois, après avoir considéré sa manière de vivre, et l'avoir entretenue, n'y ont rien trouvé à redire.

Je n'appelle point le discours présent une apologie pour justifier notre Amazone chrétienne, ni pour la défendre contre ceux qui la voudraient accuser : l'intégrité de ses mœurs et les avantages qu'elle a procurés à la Religion et à une infinité de personnes affligées, la rendent assez recommandable. Je me contente seulement de proposer ces raisons, avant que de narrer ses combats, afin que les esprits des dévots Lecteurs, étant disposés par ce moyen, ne se rebutent pas entièrement de cette lecture, qui leur doit être, ce me semble, plus agréable, après que j'ai fait marcher à la tête de ce petit volume la déduction de ses exercices de piété.

Pour ceux qui cherchent le divertissement, ils en trouveront dans ce qui suit, où je traite de ses faits guerriers, d'autant plus divertissants, qu'on en voit moins d'exemples dans le sexe féminin. Les choses rares plaisent davantage quand, outre la rareté, on y remarque de la force et de l'élévation.

CHAPITRE XXVII.

Suite du sujet précédent.

Pour approuver ou désapprouver une action avec justice, il la faut considérer dans son objet, dans sa fin, et dans les moyens qui nous y conduisent. Un objet indifférent n'a de soi rien de blâmable, ni digne de louange. La fin le justifie, si elle est bonne, ou le rend condamnable, si elle est mauvaise; et nous ne manquons pas d'y parvenir, quand les voies qui nous y mènent sont droites et justes.

Ces vérités ne peuvent être mieux éclaircies qu'en les appliquant à notre proposition. Que peut-on censurer, je vous prie, dans l'emploi militaire de Madame de Saint-Balmon? C'était son objet, où elle avait un penchant naturel, qui a fait juger à tous ceux qui l'abordaient qu'elle ne tenait rien de la femme. Cette inclination naturelle s'est accrue et fortifiée par l'habitude, lorsque son mari, l'ayant instruite et formée dans les exercices mâles et vigoureux de la chasse et des armes, dès sa tendre jeunesse, qu'elle lui fut donnée pour épouse, elle est devenue célèbre guerrière. Que trouvez-vous en cet objet de vicieux et de criminel? Il n'y a tout au plus que de l'indifférence (1), que la droite intention élève et sanctifie.

Mais quelle était sa fin? Celle que les Charlemagne, les Louis, les Boucicaut et les Bayard ont eue dans les siéges et dans les batailles, savoir la défense de la justice et de la Religion : en un mot, le désir de procurer le soulagement des misérables.

Si nous parlons des moyens qui lui ont servi pour arriver à une fin si parfaite, il n'y a aucun lieu de s'en scandaliser. Ils ne sont autres que les ordinaires qu'on emploie en de telles conjonctures. Il faut repousser la force par la force. On opprimait le peuple, on ruinait le pays, on pillait les Eglises et on les profanait, on empêchait l'administra-

(1) Ce qu'on appelle aujourd'hui une *qualité négative*.

tion des Sacrements par la violence et la cruauté. Notre Amazone n'était ni violente ni cruelle, mais forte et courageuse : il fallait bien qu'elle montât à cheval pour ce sujet, qu'elle usât de l'épée, du pistolet, du fusil, et que même elle répandît quelquefois le sang des voleurs et des meurtriers, pour conserver la vie à ceux auxquels on la voulait ôter injustement.

Voilà tout son procédé, où tout se trouve dans la bienséance et dans l'ordre : bref, tout y est conduit selon les règles des vertus chrétiennes. La fin étant sainte, et les moyens convenables et nécessaires, l'objet cessait d'être indifférent, et devenait juste. Or, que saurait-on répondre, lorsqu'on la voit animer cette conduite belliqueuse et martiale d'une intégrité de mœurs incomparable? Sa dévotion, le règlement de sa personne et de sa famille, sa charité envers les pauvres et les malades, bref, ses mérites si éclatants confondent tous les censeurs les plus âpres. Une conscience nette comme la sienne, et les bonnes œuvres qu'elle faisait à la gloire de Dieu et à la consolation des peuples, purgeaient aisément ce qui d'abord paraissait de choquant en sa façon de vivre extérieure.

Le chapeau, la plume et le juste-au-corps, les bottes, les éperons, ordinairement propres aux hommes, ne rendent pas les femmes coupables, qui en font bon usage par la bonté de la fin et des effets : l'habit ne fait ni ne défait le sexe. Quand on se déguise pour pervertir ou corrompre les autres, il y a du désordre, parce qu'alors on se cache, et on veut être pris pour un autre, afin de tromper plus pernicieusement. Alberte d'Ernecourt ne s'habillait point en Cavalier pour perdre, mais pour sauver ; non pour nuire à quelqu'un, mais pour être utile à tout le monde ; elle voulait être connue dans son déguisement, afin que sa présence donnât du cœur à ses gens, et de l'effroi aux ennemis de l'État et de l'Église, qui la redoutaient.

Les Lecteurs doivent observer que je nomme le contenu de ces deux Chapitres : Préparation aux récits de ses exploits guerriers, non pas apologie. Je suis Historien ; et je me contente de narrer sincèrement les faits de la manière qu'on me les a fournis, n'y apportant de ma part que mon style. Ils y ajouteront telle foi qu'il leur plaira. Ce que je dis, pourtant, est digne de créance, étant attesté par les premières personnes du Royaume, qui ont commandé les armes en Allemagne, en Flandre et en Lorraine.

CHAPITRE XXVIII.

L'Ordre de ses combats.

Jamais Cavalier n'a été plus accompli, ni plus intelligent en tous les exercices de la guerre, et généralement en tous ceux qui conviennent aux Gentilshommes. Son adresse à bien jouer du Luth, à composer en musique, à faire de beaux vers, son inclination à la lecture des bons livres, s'accordaient en elle avec son inclination à la guerre.

Elle s'attacha singulièrement au service de

la France, laissant aller son mari dans le parti des Impériaux et des Lorrains, bien qu'il fît ses efforts pour l'obliger à le suivre. Les intérêts de Sa Majesté Très-Chrétienne lui ont toujours été très-considérables, pour la justice qu'elle y reconnaissait, et par son affection naturelle envers les Français, dont la manière d'agir lui plaisait. Notre Amazone a si heureusement défendu et conservé sous la protection du Roi non-seulement son Château, mais encore son Village de Neuville, que ses sujets subsistaient dans une parfaite tranquillité, malgré les continuelles et violentes attaques des ennemis, qu'elle a bravement repoussés et vaincus en diverses rencontres, de sorte qu'ils n'osaient plus l'assaillir.

Neuville étant bien fermé par ses soins, et muni de fortes barricades, on y faisait bonne garde jour et nuit, sous ses ordres, qui étaient exactement observés par ses vassaux. Ils étaient tous bien montés, et savaient bien le métier de la guerre, par les instructions de *leur Dame*, devant laquelle ils faisaient souvent montre (1), et tous les exercices militaires.

Dès le matin, les chevaux qu'on devait monter étaient sellés : on préparait aussi ses pistolets et ses armes, et celles de ses domestiques. Etant toujours bottée, et portant l'habit d'homme caché sous l'habillement de femme, à la première alarme, signifiée par un coup de cloche, on la voyait à cheval, après avoir quitté sa jupe, et retenant le juste-au-corps, sur lequel était le baudrier avec l'épée. La simplicité de ses vêtements était merveilleuse, pour une personne de qualité : reprenant le long habit ou la jupe de femme, quand elle rentrait dans son logis, elle ne quittait pas néanmoins le chapeau, ni la plume, qui étaient sans façon ni artifice.

Son Village servait de retraite aux convois de plusieurs de nos villes circonvoisines, particulièrement de Verdun et de Bar-le-Duc, sa situation étant au milieu de ces deux places. S'il n'était question que d'une simple

(1) La parade.

conduite sans appréhender aucun obstacle, elle envoyait une escorte de ses habitants, sous le commandement d'un Cavalier expérimenté, qui demeurait en son Château : mais, au moindre bruit ou soupçon que les ennemis s'y opposeraient, elle commandait ses troupes en personne, s'estimant heureuse de trouver occasion pour servir Sa Majesté Très-Chrétienne.

Manheule, brave et habile Gentilhomme, qui avait été longtemps Capitaine dans le Régiment de son mari, demeurait toujours avec elle dans son Château de Neuville, pour contribuer à l'instruction de ses domestiques et de ses vassaux, touchant les exercices guerriers. Ils devinrent, par ce moyen, si adroits et si résolus, qu'ils ne s'effrayaient d'aucun péril, ni d'aucune attaque sous une si excellente conduite, qui paraissait évidemment dans l'ordre suivant. Elle avait établi deux sentinelles différentes : l'une, dans le clocher de son Village; l'autre, dans un moulin proche et fort élevé. Celle-ci avertissait celle-là de la venue des coureurs, afin que les Cavaliers et les Fantassins de Madame de Saint-Balmon fussent prêts de marcher au premier signal.

Autant que les Impériaux et les Lorrains la redoutaient, autant les Français l'avaient en vénération. Le feu roi Louis XIII, après avoir entendu ce que les Généraux de ses armées et les Gouverneurs de ses frontières d'Allemagne lui racontaient de la vaillance, de l'adresse et de la fidélité de la *Cavalière* Saint-Balmon, désira plusieurs fois de la voir. Il lui fit offrir de sa part une Compagnie de Cavalerie et une d'Infanterie, entretenues, dont elle aurait le commandement, et qui demeureraient en garnison dans son Village et autour, pour le service de la France. Le sieur de Feuquières lui porta cette parole, dont elle remercia très-humblement Sa Majesté, se contentant de ses gens ordinaires. Plusieurs des plus hauts Officiers de nos armées, et autres seigneurs de marque, lui ont rendu visite, et ont contribué à la protection de sa terre et de sa personne.

CHAPITRE XXIX.

Son Concordat avec les Cravates.

Ce titre ne nous doit persuader aucun refroidissement de la constante d'Ernecourt envers la France. Son esprit était autant ferme et invariable que généreux. Son union avec la France n'a jamais souffert le moindre changement. Elle ne permettait pas qu'aucuns de ses paysans eussent communication avec les Cravates ou d'autres ennemis, défendant étroitement de leur porter des vivres, ni de leur vendre aucunes denrées. L'observation de cette loi n'était pas peu difficile, à cause du passage ordinaire des coureurs qui rôdaient autour de Neuville, dont les habitants ne manquaient point de se conformer aux volontés de leur Maîtresse.

Sa prudence parut dans cette conjoncture, principalement en ce que, pour le bien de ses sujets, elle convint avec les troupes du parti contraire, de garder le Concordat suivant : savoir, que ses vassaux étant pris et demandant quartier payeraient pour rançon une pistole par tête, et seraient délivrés : réciproquement, les simples Soldats des Cravates étant prisonniers des habitants de Neuville, étaient traités de cette manière, quand on venait à les réclamer. S'ils étaient voleurs et sans aveu d'aucun Chef légitime, elle les mettait entre les mains de la justice de Bar ou de Verdun. On les pendait là sans ressource, avec les formalités juridiques.

Ces pilleurs la redoutaient; et la chasse qu'elle leur a faite a été si avantageuse au pays, qu'il s'est vu, par ses exploits guerriers, entièrement purgé de ces pestes. On les appelait communément Cravates de bois, et chacun les abhorrait, parce que, outre les funestes ravages qu'ils causaient par leurs courses, ils violaient, massacraient, et commettaient des impiétés abominables.

Or, avant que de narrer les combats en détail, j'alléguerai une heureuse et agréable rencontre sur l'humeur guerrière de notre Amazone chrétienne. Un de ses domestiques, son Secrétaire, nommé Léandre, allant à Bar-le-Duc pour des affaires de conséquence, elle le chargea de donner une lettre de sa part au Gouverneur de cette ville-là. Dans sa réponse, qui fut apportée par le même messager, il mandait qu'étant à Metz, il entra dans une boutique pleine de nouveautés et de gentillesses. Ayant marchandé un éventail pour une Dame, un enfant de cinq ans, qui se trouva là, dit hautement : « Achetez-lui une épée, l'usage lui en est plus propre et plus convenable. » Le Gouverneur protestait avoir aussitôt pensé à Madame de Saint-Balmon, à laquelle il avait destiné l'éventail : il lui fit donc présent de l'épée, dont elle se servit incontinent après dans une occasion éclatante et célèbre. On croyait que ce discours du Gouverneur était une galanterie; mais le succès fit juger qu'ayant sujet d'estimer celle à qui il écrivait capable de l'exercice des armes, il ne lui pouvait rien présenter de plus conforme à son inclination, et dont elle userait mieux. Si vous dites que l'enfant parla au hasard, on ne vous démentira pas : mais on vous répartira qu'il ne laissa pas de prononcer une vérité, puisque jamais Cavalier n'a mieux réussi dans les emplois de la guerre que notre Amazone.

CHAPITRE XXX.

Combat du premier de Mai 1636.

Les affaires les mieux concertées ne sont point heureuses, si Dieu ne les favorise. Notre Amazone a toujours fait cette expérience, que le secours du Ciel la rendait victorieuse partout. Après toutes ses précautions et tous ses efforts, elle était obligée de reconnaître que le doigt de Dieu ne l'abandonnait jamais. Il y a des conjonctures fâcheuses et délicates, où les plus sages et les plus résolus ne peuvent suivre quelquefois ni les règles communes de la prudence, ni leurs vues particulières, à cause que les événements ne se trouvent pas conformes à leurs idées. Le combat que je vais raconter, de la manière que je l'ai appris de bonne part, est une preuve de cette proposition.

La vérité étant la principale perfection de l'histoire, je ne la saurais mieux établir et insinuer qu'en la débitant conformément aux mémoires qui m'ont été fournis, et marquant même les dates des jours, des mois et des années.

L'alarme fut sonnée à Neuville, pour avertir Madame que son troupeau de vaches avait été enlevé par la Compagnie de Cavalerie du Chevalier de Brisac, jointe à celle du Baron de Guitaut, au nombre de plus de cent Maîtres. La voilà aussitôt à cheval avec son beau-frère le Chevalier d'Haraucourt, Cornette dans le Régiment du Chevalier de Treilly : le sieur Labry, Officier dans les mêmes troupes, lui faisait pareillement escorte.

La vaillante d'Ernecourt approchant de ceux qui lui avaient ravi son bétail, aperçut son Infanterie entourée de 60 Maîtres, qui l'allaient tailler en pièces : par la fréquente décharge de leurs pistolets, ils avaient obscurci l'air de fumée et de poudre, qui donnait lieu au reste des Cavaliers ennemis d'emmener son troupeau. L'Amazone, jugeant que le secret était de ne point s'éloigner de son Infanterie, persuada à son beau-frère de percer la Cavalerie des ennemis. Il s'avança donc tant qu'il put, accompagné de l'autre Gentilhomme; et ils furent tous deux faits prisonniers.

La Dame de Saint-Balmon, redoublant son courage dans une occasion si pressante, et dans un péril si imminent, passa au milieu avec une vigueur non pareille : elle reçut cinq coups de pistolet en deux endroits périlleux, puisque sa tête en fut tellement attaquée, qu'elle perdit longtemps l'usage de l'ouïe : son chapeau même fut emporté d'un coup de pistolet. Ayant joint son Infanterie, elle la remit en ordre, la faisant ranger derrière une haie, qui la couvrait et la tenait en sûreté.

Ceux qui l'avaient assaillie, admirant sa valeur, consultèrent ensemble, et se résolurent de la désarmer avec ses gens. « Je vois bien, s'écria-t-elle, que vous nous voulez désarmer : mais vous perdez votre peine ; vous n'en viendrez pas à bout, comme vous prétendez. Nous périrons, et plusieurs des vôtres aussi. »

Manheule, l'un de ses Gentilshommes, commandait seulement quinze de ses paysans, pour la garde de son troupeau. Il était facile aux assaillants de s'en rendre les maîtres, le secours que menait la Dame ayant été affaibli par la prise des deux principales têtes, et n'étant pas nombreux à l'égard de ceux qui étaient déjà en possession des vaches. Cependant elle retourna victorieuse dans son Château de Neuville : son troupeau fut entièrement sauvé; tous les siens échappèrent heureusement, sans aucune blessure ; celui même qui fut frappé d'un coup de pistolet revint gaiement avec les autres, tant la plaie était favorable et légère.

Son adresse fut ici autant remarquable que son courage : elle ordonna à ses gens de mettre le genou en terre, et d'attendre de pied ferme, en cette posture, la Cavalerie ennemie, qui s'en alla et les abandonna, voyant qu'ils ne voulaient tirer qu'à brûle-pourpoint. La prudente d'Ernecourt s'en aperçut, et, demeurant maîtresse du champ, ne priva pas plus longtemps son logis et ses habitants de sa présence. La confiance qu'elle avait en Dieu, au plus fort de cette attaque, augmentait sa fermeté naturelle, et répandait sur son visage un air tranquille, qui semblait promettre un heureux succès.

CHAPITRE XXXI.

Combats du mois d'Octobre 1636 *et du Printemps de* 1637.

L'assaut précédent arriva dans quelqu'une des premières années de la déclaration de la guerre entre la France et l'Espagne. Cela est cause que, conformément aux mémoires qui m'ont été fournis, quelquefois les Français sont nommés ennemis de Madame de Saint-

Balmon, dans cette histoire, parce qu'alors, on l'attaquait de part et d'autre, le discernement des partisans de chaque nation n'étant pas encore manifeste. L'on peut même assurer que, quand ceux de notre côté lui faisaient des attaques, c'était sans commission, ni ordre des Chefs. Son cœur, néanmoins, a toujours été Français, et ses armes ont toujours été dévouées au service de la France. Voici deux nouvelles occasions où elle montra son courage.

Seize Cavaliers parurent, au mois d'Octobre 1636, entre les Villages de Courcelle et de Neuville, à dessein de s'emparer de son troupeau. Dès le premier avis, le Chevalier d'Haraucourt, avec quelques habitants, les alla charger. Le peu d'adresse et d'habitude que ces villageois avaient pour lors dans les actions guerrières, fut cause que leur secours n'incommoda pas beaucoup les ennemis. C'étaient de nouveaux Soldats, peu disciplinés, plus accoûtumés au repos et aux délices, qu'au bruit des armes et à la fatigue : bref, ils n'étaient point aguerris. De vrai,

Madame de Saint-Balmon ne s'était pas encore donné la peine, au commencement de la guerre, d'instruire ses gens, et de les former en l'art militaire. Les coureurs donc chassaient le troupeau devant eux, l'opposition qu'on leur faisait n'étant ni assez forte ni assez vive.

Barbe d'Ernecourt, apprenant ce désordre, courut à toute bride, rassembla les siens, et leur défendit de poursuivre les Cavaliers ennemis. Ceux-ci vinrent en furie, et comme assurés de vaincre, fondre sur elle, lui faisant une horrible salve de feu et de flamme. « Ne tirez point du tout, dit-elle à ses gens, « sans mon commandement exprès : quand « il sera temps, vous en aurez l'ordre de ma « propre bouche. Contentez-vous de joindre « mon troupeau. J'espère que nous demeure« rons vainqueurs. » Sa prévoyance eut son effet, tel qu'on le pouvait souhaiter. La Cavalerie, qui faisait l'insulte, déchargea tous ses mousquetons et ses fusils; puis, voyant la contenance de l'Amazone ferme et résolue, qui se préparait à les attaquer vigoureusement; considérant aussi une nouvelle vigueur sur le visage de ses paysans, que sa présence animait, cette Cavalerie effrayée tourna le dos, et se retira en hâte, ne s'escrimant que des éperons, et ne se confiant qu'en la vîtesse des chevaux.

La victorieuse Saint-Balmon conduisit gaiement le bétail dans sa basse-cour. Sa joie, dans ces occasions, n'était ni vaine ni puérile. C'est peu de vaincre, si on ne profite de la victoire; et le profit qu'en tirait la vaillante d'Ernecourt, ne consistait pas à faire la fanfaronne, ni à se repaître de vaines louanges : elle jouissait du fruit de ses victoires sans en discourir, sinon pour remercier Dieu, et pour instruire ceux qui la servaient, afin de les disposer de plus en plus à repousser les attaques injustes et violentes.

Au Printemps 1637, un gros de douze Cavaliers s'efforça d'enlever ses moutons : ils s'imaginèrent follement avoir le loisir d'en devenir les maîtres, les emportant un à un chacun sur les chevaux. Mais ils furent fort étonnés, lorsque la Dame accourut à cheval, à la tête de sept ou huit hommes bien montés. Elle les poursuivit avec tant de chaleur, qu'ils lâchèrent leur prise, sans aucune résistance, entre Chaumont et Neuville.

Sa réputation était si grande parmi les troupes des deux partis, que les plus sages Chefs disaient à leurs Soldats, qu'ils se devaient bien garder de venir aux mains avec elle, s'ils ne voulaient avoir la honte d'être bien battus et frottés d'importance. Non-seulement ils estimaient ses hauts mérites, mais de plus ils l'autorisaient et la protégeaient de tout leur pouvoir, particulièrement les Officiers du côté de la France. Tous ces avantages, qui la rendaient si célèbre dans le monde, ne lui enflaient point vainement le cœur : la solide vertu se soucie peu du témoignage des hommes. Notre héroïne chrétienne, qui attribuait au ciel tout ce qu'elle faisait d'extraordinaire, ne voulait point d'autre récompense de ses belles actions que Dieu même.

CHAPITRE XXXII.

Combat du mois de Juillet 1637.

La prudence des Capitaines les plus expérimentés paraît évidemment, lorsque, sans violer les lois de la vaillance, ils font des retraites pour le bien et l'honneur du parti qu'ils défendent. Céder aux plus forts pour un temps, c'est combattre en vaillant et habile homme. La fuite n'est point lâche, quand elle se fait dans l'ordre, et sans aucun trouble, et qu'elle a pour but le rétablissement des affaires des particuliers et l'utilité publique.

La venue des ennemis dans le Verdunois, avec une force extraordinaire, obligea Madame de Saint-Balmon d'abandonner sa maison et de se retirer à Bar-le-Duc. La compagnie du Sieur de Montalent, Gouverneur de cette ville-là, et les Suisses de sa Garde étaient logés à Vorincourt, village qui se trouvait sur la marche de notre Amazone.

Ces troupes, n'étant pas assez nombreuses pour résister à celles qui entraient dans le pays, afin de le piller et saccager, couraient risque de leur entière perte.

De fait, elles eurent toute l'obligation de leur délivrance à la Cavalière d'Ernecourt, qui arriva fort heureusement pour les sauver, et mettre les assaillants hors du pouvoir de leur nuire. Ceux-ci, en ressentiment de l'affront que leur faisait une femme, qui les avait tondus de si près, et avait enlevé sur leurs moustaches la proie qu'ils tenaient, allèrent droit à Neuville, forcèrent la basse-cour de son Château, d'où ils furent vigoureusement repoussés. Quelques femmes de cette Paroisse perdirent la vie en cette occasion, par une étrange cruauté de ces lâches, qui se vengeaient sur des personnes de nulle défense.

Plusieurs de ses sujets, après avoir soutenu généreusement le choc, demeurèrent prisonniers. Le Marquis de Blainville, Colonel Lorrain, les lui renvoya, sans rançon, avec une civilité non pareille, et des éloges sur ses belles qualités et sa bonne conduite : « Assurez votre Dame et Maîtresse, leur dit-il, « que je souffrirai plutôt qu'on fasse du mal « à mes vassaux et à mes terres, qu'à ce qui « lui appartient. On ne saurait assez révérer « son mérite. » La vaillance et la bonté sont les deux vertus par lesquelles les grands hommes s'attirent la vénération et l'amour de tout le monde. Ces qualités héroïques étaient si parfaites et si éclatantes dans l'Amazone Chrétienne, que chacun l'honorait, présente et absente, et même, en sa considération, ceux qui dépendaient d'elle. Comme elle était guerrière, bienfaisante, sage et habile, il n'y avait point d'homme de guerre intelligent dans son métier qui ne la respectât, et qui ne tînt à grand honneur de la satisfaire par toutes les voies raisonnables.

CHAPITRE XXXIII.

Combat de la même année 1637.

Quand l'alarme sonnait à Neuville, comme

on n'était pas, quelquefois, assuré du nombre ni des forces de ceux qui attaquaient, l'Amazone, pour plus grande sûreté, sortait elle-même, et paraissait avec sa plus puissante escorte, afin de s'en servir à l'avantage, selon le besoin.

Quelques Cavaliers sortirent d'un bois assez proche, tournant du côté d'une charrue, pour se saisir des chevaux qui la labouraient. Le charretier prit aussitôt résolution de s'échapper, montant sur l'une des bêtes. Une jeune et belle fille se trouva là, à qui il donna la main auparavant, pour la placer sur l'autre : la conservation de l'honneur excitait celle-ci à une prompte fuite, plutôt que la défense de sa vie, ni du reste.

Le laboureur avait la même vue : il pensait aussi à conserver ses chevaux et sa personne. La Dame de Saint-Balmon, sachant le péril où ils étaient, ne différa point de les secourir : on la vit au même instant à cheval, à la tête de son Infanterie.

Ayant reconnu que l'escadron ennemi consistait seulement en cinq Cavaliers, et que le paysan et la fille, maladroits et troublés de crainte, n'avançaient pas, elle préjugea qu'ils tomberaient entre les mains de ces voleurs, si on n'y courait sans retardement : la pesanteur des montures, qui n'étaient pas dressées à la course, augmentait le danger.

Elle commanda à son Infanterie, qui était sous les armes, de la suivre à son pas ordinaire, afin que, ne se précipitant point, elle fût en état de venir combattre dans le besoin. Pour ses Cavaliers, qu'elle n'avait pas pris en grand nombre, elle leur ordonna de piquer, se mettant à leur tête : d'une main tenant son épée, et de l'autre un pistolet, elle épouvanta les assaillants, étant toute prête de fondre sur eux. Cette vue les arrêta, et ils donnèrent le loisir aux fugitifs d'approcher de leur Maîtresse, qui fut pareillement leur libératrice, dans une conjoncture si pressante et si fâcheuse.

Le bruit de cette action se répandit par la contrée. Les plus sages louèrent unanimement autant la prudence de l'Amazone Chrétienne, que son courage, et donnèrent à ces deux qualités leurs justes éloges. Elle s'est montrée courageuse, disaient-ils, à s'opposer aux ennemis sans son Infanterie, et cette résolution les a effrayés. Elle a signalé sa prudence, n'obligeant pas ses Fantassins de courir, de peur que, perdant l'haleine, ils ne fussent hors de combat.

Il est également dangereux de s'endormir sur les bonnes nouvelles, et de s'alarmer des mauvaises. En matière de guerre, il vaut encore mieux prendre des précautions inutiles, que de hasarder, par négligence, le salut d'une armée ou d'une place. Il n'est pas ici question, je l'avoue, d'une bataille rangée, ni d'un siége de conséquence : il y va seulement d'un secours donné à propos, pour sauver la pudicité d'une fille. Quoique ce dessein n'ait pas d'éclat, et ne retentisse pas dans l'histoire, c'est pourtant un fait de haute importance, et un objet digne des yeux du Souverain Monarque et de toute la Cour céleste. Barbe d'Ernecourt ne diffère pas un moment de secourir la fille et celui qui l'accompagne : elle ne prend point l'alarme en vain; elle ne relâche point sa course ni ses efforts, quoiqu'elle sache que les coureurs ont lâché le pied. Si, dans les querelles de la Religion, chacun se fait un mérite et un honneur de son emportement, quelles bénédictions ne doit pas recevoir notre Amazone, pour l'expédition présente, qui, étant une affaire de piété, a été heureusement achevée par sa conduite (1) pleine de générosité et de prudence!

CHAPITRE XXXIV.

Combat de l'an 1638, *au mois de Mai.*

L'intérêt propre gâte nos actions, ou les rend moins dignes de louange. Il ne nous est pas défendu, mais ordonné d'aspirer à notre

---

(1) On a pu remarquer que le mot *conduite* est presque toujours employé par l'auteur dans le sens de *discipline, esprit* d'*ordre,* etc. Ainsi, quand il parle de la *bonne conduite* de l'Amazone, il veut dire une méthode sage et savante.

bien particulier, pourvu que nous prenions les voies justes et droites qui nous le procurent. Avouons pourtant que le zèle qui s'exerce pour la consolation des autres a quelque lustre plus considérable, et provient d'une plus grande générosité, à cause qu'il a moins d'amour-propre.

Si Alberte d'Ernecourt mérite d'être louée dans les combats qu'elle a rendus pour la conservation de sa famille et de ses terres, elle est singulièrement louable dans celui que je vais raconter, où elle a eu pour but le seul avantage d'autrui.

On sonna l'alarme durant son dîner, pour avertir que La Plume et Du Chesne, Chefs de Cavalerie et d'Infanterie du parti opposé à la France, avaient pillé des marchands de Verdun, à une lieue de Neuville, dans le bois de Ramblusin : en effet, ils leur avaient ôté des troupeaux, l'un de moutons, l'autre de bœufs et de vaches.

La conjoncture de son repas, et la pensée que ce dommage ne lui faisait aucun tort, sont mises en oubli : il suffit de trouver occasion de servir le public, et de combattre pour les Français. La voilà promptement à cheval, avec six ou sept Cavaliers; et, pendant que son Infanterie s'apprêtait pour la suivre, elle va devant. Sa première rencontre fut des marchands, qui fuyaient, étant talonnés de près par les ennemis.

Ceux-ci ne l'eurent pas sitôt aperçue, qu'ils se cachèrent proche de la forêt de Ramblusin. L'Amazone, en ayant été assurée par les Verdunois, galoppe droit aux fuyards : elle rencontre d'abord sur son chemin, dans un vallon, treize Cravates qui l'attendaient, les autres s'étant retirés à la lisière du bois, pour soutenir leurs compagnons, et ne pas lâcher leur butin. Malgré leur vive résistance, elle les enfonce l'épée à la main, et leur fait abandonner le pillage.

Les cinq ou six prisonniers qu'ils tenaient, profitèrent de l'occasion : ils se sauvèrent heureusement et se vinrent jeter entre les bras de leur libératrice. Elle amusait cependant les Cravates de belles et fortes paroles, les provoquant au combat durant que son

Infanterie avançait : « Venez à moi, s'écriait-« elle, trois contre trois, ou comme il vous « plaira, venez à moi : si vous êtes gens de « cœur, faites-le maintenant paraître. »

L'estime qu'ils avaient de son courage et de son expérience, leur donnait de l'admiration et de la terreur : la honte d'être battus d'une femme leur semblait insupportable, et les dissuadait d'entrer en lice avec elle. Enfin ils se déterminèrent à la fuite devant une Amazone résolue et fort aguerrie : « Ne tar-« dons pas ici davantage, disaient-ils, ne « nous fions point à ses discours ; c'est une « rusée qui nous veut surprendre : elle nous « coupera le chemin avec son Infanterie, qui « approche, et nous taillera en pièces : si « nous sommes sages, jouons au plus sûr, et « sauvons-nous. »

Pendant leur retraite, la victorieuse Saint-Balmon retourna dans son Château de Neuville, après avoir délivré les prisonniers et les troupeaux. La merveille de cette action consiste en ce qu'elle était escortée seulement de six Cavaliers, au lieu que les ennemis étaient au nombre de vingt-quatre, sept à cheval, et dix-sept à pied. Les beaux et rares exploits n'arrivent pas d'ordinaire par la multitude, mais par la bonne conduite, qui dépend de la prudence des commandants et de l'obéissance des Soldats. Comme l'Amazone avait l'air noble, et quelque chose de majestueux en toute sa personne, on pouvait aisément la distinguer de tout le reste. Sa présence, étant reconnue, effraya les voleurs, qui, étant déjà intimidés de la réputation du bonheur de ses armes, s'enfuirent honteusement, et abandonnèrent leur proie.

CHAPITRE XXXV.

Autre combat du mois d'Août 1638.

Les ruses servent beaucoup dans la guerre : les plus grands Capitaines en font souvent usage ; et on a sujet de les approuver, lorsque, outre le bon succès qu'elles produisent, la fin en est juste et louable, savoir le bien public et le soulagement des peuples. La Plume et Du Chesne son frère commandaient environ quarante Cravates, tant Cavaliers que Fantassins : le pays était fort incommodé par leurs courses, voleries et autres continuelles violences.

Madame de Saint-Balmon avait trop de cœur pour les souffrir davantage. Afin de réussir dans le dessein d'éloigner ces coureurs, ou de les dissiper entièrement, elle ordonne à un de ses domestiques, nommé la Voerge, homme de tête, adroit et fidèle, qui les connaissait, de se joindre à eux, feignant d'avoir quitté son service, à cause des mécontentements qu'il en avait reçus : « Je m'en « veux venger, leur disait-il, à quelque prix « que ce soit. Je vous donnerai des ouvertu-« res, qui vous rendront maîtres de sa per-« sonne et de son Château ; suivez-moi seu-« lement en toute assurance. »

La Voerge, qui avait joint l'expérience à beaucoup d'habileté naturelle, parlait ainsi par le conseil et les ordres de celle qui l'envoyait ; et les voleurs ajoutèrent foi à ses paroles. Ayant fait le Cravate avec eux durant quelques jours, pour les attirer doucement proche de Neuville, La Plume et Du Chesne eurent quelque différent, pour le partage d'un butin : ils divisèrent leurs troupes pour ce sujet, et il ne resta que vingt hommes à Du Chesne, qui les fit retirer avec lui de la Jurée, village proche de Longchamp, et à une lieue du logis de notre Amazone.

La Voerge, monté à l'avantage sur le meilleur cheval de l'écurie de Du Chesne, allègue que quelque affaire pressante l'appelle dans une Paroisse voisine, et vient à bride abattue informer sa Maîtresse de ce qui se passe. Du Chesne prend ombrage de cette retraite, et de la privation d'une monture qui valait mieux que toutes les autres. Il écrit aussitôt à Madame de Saint-Balmon, que, si son homme et son cheval ne lui sont promptement restitués, il sait le moyen d'en tirer raison : « Vous serez contrainte à la première rencontre, lui mande-t-il, de mettre pied à terre. »

Durant qu'on amusait le Messager, qui attendait réponse, elle avait déjà disposé ses gens, et fait partir son Infanterie par la vallée de Courcelle et de Chaumont. Cette route était la plus propre pour surprendre les Cravates par derrière, à cause que Neuville est pleinement à découvert du côté du bois de la Jurée, quand on suit le droit chemin.

Cet expédient la rendit victorieuse. Elle arriva si à propos, qu'après les avoir attaqués et poussés avec vigueur, elle en fit plusieurs prisonniers, et cinq seulement échappèrent avec le Chef, qui se sauva vers Saint-Hilaïre, où l'Amazone le poursuivit tellement, et d'un si grand courage, qu'il fut obligé de descendre de son cheval, afin d'entrer dans la forêt, où il se cacha. Le voilà bien loin de ses prétentions. Il se tenait assuré d'être vainqueur, et de démonter la *Cavalière*; mais il est lui-même en déroute, et sans monture. L'ardeur et la vîtesse avec laquelle les Cravates furent pressés du côté de Saint-Hilaire, firent crever deux des chevaux de Madame de Saint-Balmon.

La perte de ses adversaires fut beaucoup

plus notable : ne sauvant qu'à grande peine leurs personnes, ils laissèrent leurs armes, casaques, et tout leur équipage, et trois ou quatre bons chevaux. Peu de jours après, Dary, chef d'un parti ennemi, envoyant demander les chevaux, qu'il soutenait lui appartenir, et la menaçant de la maltraiter, en cas de refus, elle ne voulut rien rendre; puis le butin fut distribué à ses gens, selon ses ordres ; la principale partie étant donnée à celui qui avait plus agi dans cette conjoncture, et qui avait exécuté avec tant de fidélité, d'adresse et de courage ce que sa Maîtresse lui avait ordonné, pour faire tomber les voleurs dans le piége qu'ils préparaient aux autres. Ainsi les trompeurs furent trompés, et les pilleurs pillés eux-mêmes, par la prudence, la valeur et l'adresse de celle aux actions de qui la charité donnait toujours le premier branle.

D'ordinaire, la conjuration retombe sur la tête des conjurés, par une conduite secrète de la Justice divine, qui se sert quelquefois, pour faire périr les scélérats, des moyens qu'ils prennent pour perdre les innocents. On ne pouvait pas s'imaginer des voleurs plus malins, ni plus habitués dans leur malignité que ceux dont il est ici question : cependant l'Amazone, bien intentionnée, et qui réduisait en pratique ses intentions si justes avec adresse et fermeté, renverse les desseins de ses ennemis d'une manière qui, leur semblant d'abord favorable à leurs fins, les met en déroute, et rend l'Amazone entièrement victorieuse. Voilà les heureux succès de la charité, quand elle s'arme pour la défense des peuples injustement opprimés, et pour la conservation de la gloire des Autels.

CHAPITRE XXXVI.

Autre combat du mois d'Août 1638.

La sainte haine que l'on a pour le vice, oblige les personnes vertueuses de ne point laisser les pécheurs en repos, jusqu'à ce qu'ils aient réformé leurs mœurs dépravées, et changé de vie. Barbe d'Ernecourt observait cette bonne maxime avec exactitude. Comme les Cravates ne cessaient point d'inquiéter les peuples et de profaner les Eglises, aussi ne désistait-elle pas de les harceler et de les pousser avec force. ·

Le temps fit connaître quelques nouvelles particularités du désavantage reçu par les voleurs, en la rencontre précédente. La Chasse, qui avait commandement parmi eux, y ayant été blessé, vint au village de Fresne, distant de trois lieues de Neuville, pour se faire traiter d'une blessure en la cuisse. L'Amazone, le sachant, lui donna une camisade, qui ne fut pas fort agréable à cet infâme Cavalier, mais qui fut très-glorieuse a l'héroïne qui le poursuivait.

Elle partit de grand matin, suivie de son escorte ordinaire, et ne manqua point d'aller droit au logis du personnage, qui s'habillait. Etant guidée heureusement par l'odeur des emplâtres de sa plaie, elle ne prit point une chambre pour l'autre, mais monta seule la première, sans retardement et sans trouble, à la porte de celle du malade. Cette résolution ne saurait être assez admirée, et mérite une attention particulière.

Elle entr'ouvrit la porte, et la referma promptement, l'ayant vu en posture de se préparer à la défensive; puis, entrant aussitôt l'épée en une main, et le pistolet en l'autre : « Il faut mourir, lui dit-elle, point de quartier. — Ah ! Madame, Madame, répondit-il, ne me tuez pas : je suis à votre disposition, et je publierai partout votre bienveillance et votre victoire. »

Cette action m'ayant été déclarée par la lettre d'une personne digne de foi, qui la raconte sincèrement, il n'en faut pas douter. C'était un domestique de l'Amazone Chrétienne, de laquelle il ne s'éloignait jamais, pour être témoin oculaire de toutes ses entreprises, où il apprenait, sur un si beau modèle, à bien s'acquitter du métier de la guerre. Il dit que la présence inopinée de sa Maîtresse étonna La Chasse d'une étrange manière, puisqu'il ne résista aucunement, se laissant ainsi affronter et braver par une femme. Il pouvait pourtant se défendre, et bien disputer sa vie : un brave guerrier n'est jamais surpris, et la surprise n'arrive pas aisément à un vaillant homme, qui, se trouvant au milieu de ses adversaires, et dans les occasions continuelles de battre ou d'être battu, demeure toujours égal, sans que ses agresseurs, ni ceux qui lui résistent fassent aucune impression de crainte sur son esprit. Ses plaies, qui ne l'empêchaient point de se vêtir, ni de se disposer aux attaques, ne lui ôtaient pas le pouvoir de décharger un pistolet, ou de tirer un coup d'épée.

La connaissance néanmoins qu'il avait du cœur et de l'adresse de celle qui parut subitement dans sa chambre, la réputation aussi de ses exploits guerriers, l'effrayèrent tellement, qu'il lâcha le pied et perdit l'escrime. La Chasse fut donc fait prisonnier à la barbe et à la vue des troupes de Dary, autre chef de Cravates, qui se tinrent clos et couverts durant cette mêlée. Les habitants du Village de Fresne, qui avaient intelligence avec ces voleurs, tirèrent sur Madame de Saint-Balmon et sa suite, sans aucun effet.

Or, La Chasse, étant plutôt capitaine de brigands que de soldats, méritait une juste punition, qu'il reçut à Bar-le-Duc, où elle le mena, et le mit entre les mains des juges. Son procès fut dressé avec toutes les formalités requises, et on ne différa point de le pendre. Le Père Carme Déchaussé qui l'assistait à la mort, attesta lui avoir été facile de le consoler sur son supplice, et sur la perte de sa vie ; mais que sa plus rude peine consistait en ce qu'une femme le réduisait dans cet état. On ne le pouvait résoudre sur cet article, qui lui semblait insupportable. « Une femme, s'écriait-il, m'a fait la loi : je ne dois plus vivre après cet affront. »

Il est vrai que cela est rare ; mais la rareté, qui rend ce fait plus estimable, n'en diminue point la vérité, ni la croyance. La bonne conduite, pareillement, et l'heureux succès nous défendent de reprendre la victorieuse Dame d'aucune témérité. Son cœur, étant animé d'en haut, et vivifié par la grâce de Dieu et par la droiture de ses intentions, fortifiait son âme, et la faisait triompher en toute rencontre.

Sa générosité toute pure, ne cherchant que la gloire de Dieu, avait accoûtumé de traiter honnêtement les malheureux, quand elle ne voyait que du malheur ou de l'emportement dans leur conduite ; mais, lorsqu'elle y trouvait des crimes noirs, et dont les suites étaient notablement préjudiciables au bien public, elle implorait le bras de la Justice, afin que le remède fût apporté à ces désordres, selon les lois. Les cœurs vaillants savent vaincre ceux qui les attaquent ; ils savent aussi se comporter honnêtement envers ceux qui se jettent entre leurs bras ; et il n'y a point d'injures qu'ils n'oublient, pourvu que les intérêts de l'Eglise et de l'Etat soit conservés.

CHAPITRE XXXVII.

Combat du 8 *de Septembre* 1638.

S'exposer à de grands hasards et à des périls imminents, sans aucune vue de son intérêt particulier, c'est la preuve d'un courage au-dessus du commun. Risquer sa vie et ses biens pour conserver et protéger les autres, sans en prétendre aucun avantage propre, c'est le caractère d'une âme vraiment héroïque. Madame de Saint-Balmon a toujours agi par ce généreux principe d'un parfait désintéressement

Comme les Cravates étaient continuellement en haleine, et battaient le pays sans cesse, pour voler les passants, et piller les habitants de la contrée, au contraire l'Amazone Chrétienne employait ses veilles et ses forces pour la défense du bien public, et pour l'extirpation de ces coureurs, ne regardant, en tous ses travaux, que la gloire de Dieu et le soulagement des misérables.

Elle apprit qu'un parti ennemi paraissait à une lieue proche de Neuville, dans Ramblusin, et qu'après s'être saisis d'une grande quantité de chevaux, qui appartenaient aux Laboureurs, ils en exigeaient encore une rançon de vingt pistoles, et des vivres. Cette tyrannie extraordinaire la toucha jusqu'au vif : ce n'était pas sa résolution de la souffrir un moment; mais il fallait user de prudence, afin que sa générosité pût réussir, et que ceux qui étaient opprimés sentissent l'effet de son assistance.

Un cheval ne fut pas plus tôt préparé, qu'on la vit dessus avec ses armes ordinaires : ses gens la suivirent de près en bon équipage : Sa Cavalerie lui était toujours attachée inséparablement; elle la laissa néanmoins un peu de temps, durant qu'elle ordonna à son Infanterie d'avancer dans le bois où les voleurs se cachaient.

Deux expédients, dont son esprit inébranlable s'avisa sur-le-champ, lui furent avantageux. Le premier consistait en ce qu'avec une partie des siens, elle coupa secrètement le chemin aux Cravates, sans qu'ils s'en aperçussent, et les empêcha de s'évader. Secondement, étant escortée de ses Fantassins, elle les chassa hors de la forêt. La campagne, où ils étaient à découvert, donna lieu à la vaillante d'Ernecourt de les poursuivre vivement. Elle sortit à cheval, et les pressa d'une telle furie, qu'ils ne purent avoir recours qu'à une fuite honteuse et précipitée. L'un fut tué ; d'autres blessés, et sept prisonniers. Quelques-uns, retournant dans le bois, se sauvèrent. Les sept que l'on arrêta, méritaient justement la mort, étant tous atteints et convaincus de larcins, de meurtres et de cruautés inouïes; néanmoins on exerça la miséricorde, et, pour imprimer la terreur dans l'esprit des complices, un seul fut pendu à Verdun, les six autres ayant été conduits au siége de Danvillers, pour y travailler sous les ordres du Maréchal de Chastillon, Général de l'Armée Française.

Les armes sont bien glorieuses, et leur usage juste et méritoire, quand elles déracinent le vice et contribuent à l'observation des lois de la charité, de la dévotion, de la justice et des autres vertus. Quoique ces actions de notre Amazone soient promptes, et semblent inopinées, leur vigueur et leur promptitude n'empêchent pas qu'elles ne soient assorties de préméditation et de prudence. Son humeur guerrière était accompagnée, ou plutôt réglée par une conduite délicate et honnête, qu'elle accordait avec une fierté humble, prudente et généreuse ; de sorte qu'elle écoutait les avis avec douceur, étant persuadée que les plus éclairés ne voient pas tout, et que les plus sages font souvent des fautes, quand ils ne suivent que leur sens. Il ne faut donc pas attribuer l'heureux succès de tous ses combats au hasard, mais au bon ordre qu'elle observait dans ses entreprises, que Dieu bénissait et favorisait d'autant plus, qu'elles tendaient davantage à sa plus grande gloire, et au soulagement des misérables.

CHAPITRE XXXVIII.

Combat du 10 de Septembre 1638.

Les emplois de la vie humaine n'ont aucun intervalle : bien qu'ils ne soient pas tous égaux, ils ne laissent pas de s'entresuivre. Le premier en fait naître un second ; le second un troisième. Il n'y a que du travail ici-bas ; le repos se trouve seulement dans le Ciel.

Les occupations bonnes et mauvaises sont toutes de cette nature, avec cette différence, qu'entre les mauvaises, celles qui viennent les dernières servent de châtiments aux précédentes, par un tracas plein d'amertumes : au lieu qu'entre les bonnes, les postérieures accroissent le mérite et la splendeur des précédentes, par des occasions nouvelles d'exercer la vertu.

En effet, on n'est jamais engagé dans une bonne affaire, qu'on ne soit obligé d'en expédier une autre, qui en est inséparable. Madame de Saint-Balmon tenait sous sa garde, en son Château de Neuville, les prisonniers dont nous venons de parler. Deux jours après cette victoire, il fallut qu'elle montât à cheval pour les mener à Verdun. Comme donc elle marchait à la tête de ses gens, et de quelques habitants de son village, tant Cavaliers que Fantassins, au même instant de son départ, l'alarme sonna.

C'était pour l'avertir d'un enlèvement de son bétail. N'étant pas assurée qu'on en voulût plutôt à ses troupeaux pour les lui ravir, qu'aux prisonniers pour les délivrer, elle délibéra quelque temps sur ce qu'il était plus à propos de faire dans la conjoncture présente. Ceux-ci étaient déjà en chemin, et non beaucoup éloignés, avec quelques Fantassins de Neuville, qui les escortaient et gardaient. La pensée que les ennemis, au nombre de quarante Cavaliers, tendaient à les tirer de ses mains, fit d'abord quelque impression sur son esprit. Elle eut néanmoins de certaines nouvelles, que tout l'effort des assaillants tournait du côté de ses vaches.

Apercevant son Infanterie qui rentrait dans sa maison, avec les prisonniers, elle lui ordonna de l'accompagner avec d'autres hommes, qui vinrent au bruit du tocsin. Ils composaient tous ensemble environ un gros de vingt-quatre Mousquetaires et de cinq ou six Cavaliers. En peu de temps ils arrivèrent auprès d'un moulin à vent, qui était hors du Village. Manheule, homme de cœur, de main et de tête, qui commandait alors la garde du troupeau, voyant sa Maîtresse, qui parut avec sa petite escorte, sentit un nouveau courage.

Quoiqu'il se fût toujours bien défendu en retraite, il se montra encore plus vigoureux à l'approche d'un secours si prompt et si favorable : il fit sa décharge, sans retardement, sur ceux qui le poursuivaient. L'Amazone se poussa, en même temps, avec sa Cavalerie au milieu des agresseurs, d'une force merveilleuse, qui les mit en déroute. Dans ce premier choc, de leur part l'un demeura mort sur la place ; un autre reçut des blessures mortelles ; un cheval fut tué, deux autres chevaux furent dangereusement blessés, et moururent avant que d'arriver au quartier.

Elle ajouta ensuite deux nouveaux prisonniers à ceux qu'elle tenait auparavant : l'un de ceux-ci était Maréchal des logis de la Compagnie qui attaquait présentement, et commandait ce parti. Dans la chaleur du combat, on ne voulait point pardonner, d'autant qu'ils avaient feint d'abord d'être du côté des ennemis, et crié : Vive Dary. Néanmoins la *Dame*, ayant su depuis qu'ils étaient Français, les emmena dans son logis, fit panser leurs plaies, et les traita d'une ma-

14

nière fort obligeante. Tout l'équipage leur fut rendu ; et la généreuse Saint-Balmon agissant civilement envers ces Cavaliers : « Je vous prie, dit-elle, de ne me plus visiter de la sorte. » Il est aisé de remarquer ici combien son esprit, si éclairé et si agréable, lui servait dans les rencontres, et combien son air si noble paraissait dans ses moindres actions.

CHAPITRE XXXIX.

Combat du 4 de Janvier 1639.

Bien que les actes souvent réitérés forment l'habitude, qui est une facilité d'agir, si néanmoins on ne fait pas bon usage de l'habitude, elle nous rend négligents, et, au lieu de continuer à nous exercer avec courage, nous devenons abattus et lâches. La Dame dont je raconte l'histoire, n'est pas tombée dans ce désordre : l'exercice continuel des armes, qui l'avait aguerrie, ne diminuait aucunement sa vigilance ni son attention sur tout ce qui regardait l'art militaire; mais il l'augmentait, comme la pratique assidue des vertus redoublait sa ferveur et sa dévotion.

L'un des habitants de Neuville la vint trouver avec empressement, lui racontant, que les ennemis l'avaient arrêté sur le chemin de Saint-Mihiel, avec deux de ses compagnons. Cette Ville est à trois lieues du Village et de la demeure de notre Amazone, où celui qui narrait son désastre était renvoyé par les voleurs, pour leur apporter la rançon, durant que les deux autres étaient demeurés pour les gages.

Après s'être informée de l'état et de la force des agresseurs, elle prit résolution de secourir les deux prisonniers. Vers les huit heures du soir, on la rencontra dans les rues, allant de porte en porte, aux maisons de ses vassaux, pour les disposer à la suivre. Elle en composa un gros de six-vingt personnes, qui vinrent promptement au Château, bien armés. Les Litanies de la Vierge et les autres oraisons ordinaires étant récitées dans sa

Chapelle, en présence de toute l'assemblée, elle partit aussitôt avec son monde, après s'être confessée, ainsi qu'elle faisait souvent en pareilles occasions, et se transporta droit à Saint-Mihiel.

Apprenant en ce lieu, que les galants s'étaient retirés dans un village nommé Oinville, deux grandes lieues au-delà, cette nouvelle ne l'empêcha point de poursuivre sa pointe, quoique la route soit des plus fâcheuses de toute la Lorraine : car il faut défiler et la passer un à un. Elle fit, néanmoins, ce trajet heureusement; et, après avoir marché toute la nuit, elle arriva sur une colline proche d'Oinville, où, faisant la revue de ses troupes, elle n'y trouva que soixante hommes, les autres ayant disparu dans les bois, à la faveur des ténèbres.

Sans se piquer contre les absents et les fuyards, elle encouragea les présents, et les excita à bien faire. Durant qu'ils accommodaient leurs mousquets, fusils et autres armes, elle dépêcha son guide au Village, pour savoir la disposition des ennemis. Celui-ci, étant de retour, dit que trois partis de Thionville étaient logés dans trois diverses maisons, l'un de vingt, l'autre de huit, et le dernier de vingt-cinq hommes.

La résolution étant prise d'attaquer d'abord le troisième, la *Dame* obligea les seize Cavaliers qui l'accompagnaient de mettre pied à terre, ordonnant au sieur Louvion, l'un de ses Gentilhommes, d'investir le logis du côté de la porte de derrière, avec seize Soldats; elle commanda en même temps à un autre d'en prendre seize pour l'assiéger sur le devant, et pour résister au secours que les deux autres partis pourraient donner à leurs camarades. On reconnut l'avantage de cet ordre, quand ils furent bravement repoussés, au moment qu'ils se présentèrent pour les secourir.

Elle retint le reste de ses gens auprès de sa personne, leur commandant de ne la point abandonner, et disant avec autorité : « Allons nous placer devant la grande porte de la maison, afin d'entrer quand il sera temps. » Chacun se rendit à son poste adroitement et sans bruit, environ sur les cinq ou six heures du matin, les ennemis étant la plupart endormis.

Madame ayant défendu expressément à ses gens de tirer sur le premier qui ouvrirait la porte, un de ses Gentilshommes ne laissa pas de tuer d'un coup de pistolet un des Cravates, qui vint par la galerie pour sortir dehors. Le bruit fit courir ceux-ci aux armes. L'Amazone toutefois passa la première sur le corps mort, et, gagnant la cuisine, se saisit d'un des voleurs. Un de ses Soldats, qui l'accompagnait, en fit autant. Les autres, au lieu de la suivre, déchargèrent une salve à l'entrée du logis. Trois du parti contraire furent bien blessés, et en moururent incontinent après; puis on les enterra dans l'Église d'Aspremont.

Les deux prisonniers, voyant la courageuse d'Ernecourt et son Gentilhomme sans aucune suite, s'échappèrent. L'un de ces brigands, qui en était le Capitaine, jeta celui qui l'avait pris au milieu d'un brasier allumé dans le lieu où ils étaient, et se sauva avec plusieurs de ses compagnons dans la grange proche de la cuisine; l'autre, s'arrachant par violence des mains de la Victorieuse, entra dans la chambre du devant, où huit de ses camarades s'étaient déjà retranchés; les autres s'enfuirent dans l'appartement de derrière.

La *Dame*, quoique magnanime et prudente, se trouva dans un péril imminent, avec un seul Cavalier, qui ne l'abandonnait point : ce n'étaient que feux et flammes des mousquets, fusils et pistolets, de trois endroits différents, et même de tous côtés, qu'il fallut essuyer l'espace d'une demi-heure. Ses gens étant dans l'allée couraient le même risque. « Mettez le feu, dit-elle à son Gentilhomme, « promptement à la paille que vous voyez, et « poussez-la dans la chambre où est leur « plus grande force et où ils ont plus de « monde, pour les empêcher de fondre sur « nous. » Ils exécutèrent tous deux aussitôt cet ordre avec leurs épées, et sortirent dans l'allée. Le peu d'étendue de ce lieu, où ses gens se tenaient cachés, était cause de la presse, et qu'ils ne gardaient ni rang ni ordre. Après les avoir encouragés par ses discours pleins de vigueur, elle leur ordonna de la suivre dans la cuisine, les prenant même par le bras, pour les y faire entrer : ce qui lui fut impossible, tant ils étaient saisis de peur, parce que d'abord l'un d'eux avait été tué par les ennemis.

CHAPITRE XL.

Continuation de la même histoire.

Le narré présent mérite bien deux chapitres, tant à cause d'une quantité de belles circonstances, que pour le déduire d'une manière moins ennuyeuse.

Celui qui commandait les Cravates, croyant que Madame de Saint-Balmon était vraiment le Chef de ceux qui l'attaquaient, parce qu'elle avait un bonnet chargé de plumes, se résolut de la tuer. Le premier coup porta sur sa tête, et frisa la barbe d'un de ses gens qui était proche d'elle, dans l'allée : ce lâche fut tellement effrayé que, s'appuyant sur l'épaule de sa Maîtresse, il s'écria : « Je suis mort! » L'Amazone, plus constante que jamais, après avoir jeté par terre cet importun fardeau, retourna dans la cuisine, où elle reçut un second coup de mousquet, entre le menton et la gorge, près du sifflet.

Il fut favorable, la prenant de biais, et non de droit fil. Quoique la blessure fût légère, son visage néanmoins demeura couvert de poudre, et la cicatrice parut longtemps. La lâcheté des siens, qui l'abandonnèrent dans cette conjoncture, ne l'étonna point : quoiqu'elle eût sujet de ne plus espérer la victoire, elle continua pourtant de faire des merveilles, étant accompagnée seulement de son fidèle Gentilhomme, nommé Manheule, et prit une ferme résolution de forcer les ennemis dans la chambre de devant. Un de ses laquais, par bonheur, ayant percé la foule, lui redonna un de ses pistolets; en même temps elle se saisit de l'autre; puis, se cachant derrière la porte, qui était ouverte, elle salua si adroitement et avec tant de vigueur un Cravate, par sa première décharge dans la tête, qu'il tomba roide mort. Un autre fut encore blessé d'une autre balle qui s'écarta.

Au même instant elle sauta dans la chambre, l'épée en une main, et le pistolet en l'autre, étant suivie du brave Manheule, au travers de ses agresseurs, qui la blessèrent en la main gauche d'un coup d'épée. Ce généreux effort leur fit perdre courage : « Madame, Madame, quartier, s'il vous plaît! » dirent-ils unanimement; ce qui leur fut accordé, après qu'ils eurent posé les armes bas. Ses paysans, qui étaient devant la porte, ne voyant plus de péril, entrèrent pour les tuer. L'Amazone remit aussitôt l'épée à la main contre ses propres gens : « Qu'on « amène promptement, s'écria-t-elle, un « Prêtre, pour confesser un des miens, et « plusieurs des ennemis, dont les plaies sont « mortelles. Qu'on se garde bien de toucher « aux autres, à qui j'ai donné la vie, puis« qu'ils me l'ont demandée. Leur soumission « m'oblige de leur pardonner, et de les

« laisser en repos. Je suis maintenant ar-
« mée pour punir ceux qui les maltraite-
« ront. »

A cette voix, pleine d'autorité, chacun s'apaisa, et l'un des prisonniers se servit de l'obscurité de la nuit pour n'être pas reconnu, s'offrant de chercher un Confesseur. Son offre étant acceptée, il se retira à Thionville, d'où il fit faire depuis des baise-mains à l'Amazone, à qui les ténèbres l'avaient fait croire un des siens. Les Cravates resserrés dans la grange et dans la chambre de derrière, eurent le moyen de s'évader, à la faveur de la nuit. Plusieurs, néanmoins, périrent dans cette rencontre. Dix y perdirent la vie; sept furent prisonniers. Leur Chef, nommé La Roche, ne retourna à Thionville, d'où il venait, qu'avec cinq ou six de ses hommes, après avoir reçu une blessure au bras, et s'être échappé par-dessus les tuiles. La courageuse d'Ernecourt trouva son escorte diminuée de deux hommes. Un autre eut un œil emporté. Elle gagna vingt armes à feu, dix-huit épées, et quantité de bonnets fourrés, dont plusieurs habitants de Neuville s'armèrent contre le froid.

Les deux autres partis, n'ayant pu secourir leurs compagnons, et se persuadant que la Victorieuse s'en retournerait par le droit chemin dans les bois, l'y attendirent en embuscade. Le soupçon, et l'avis qu'elle en eut, l'obligèrent de tenir la campagne. Elle sortit d'Oinville vers les sept heures du matin, et vint dîner à Saint-Mihiel, où l'un de ses gens mourut de ses blessures, et coucher à Neuville, avec ses prisonniers, qui, étant puis après conduits à Verdun, furent échangés contre d'autres prisonniers Français, qui étaient entre les mains des Espagnols.

Quoique plusieurs, contre qui Madame de Saint-Balmon combattait souvent, fussent de véritables guerriers, et enrôlés avec les formes dans les troupes du parti qu'ils défendaient, néanmoins, parce qu'ils l'attaquaient sans ordre, ou qu'ils pillaient et saccageaient tout dans leur marche, cette guerrière ne leur pardonnait point. Nous les nommons tantôt Cravates, tantôt coureurs, tantôt voleurs, et toujours ennemis, parce qu'ils en produisaient effectivement les actes, dans les conjonctures où elle les battait.

CHAPITRE XLI.

Combat du 7 *de Mai* 1639.

Les fossés du château de Neuville étant en décadence, et presque ruinés, la *Dame* entreprit de les réparer. Pource sujet, elle se servit de plusieurs charrettes en convoi, afin d'avoir de la pierre suffisamment, et à son gré. La carrière étant un peu éloignée, un parti d'Allemands, du Régiment d'Estref, crut qu'il serait facile d'enlever les chevaux, si on se mettait en embuscade dans le bois, à un quart de lieue près du passage.

Le mauvais ordre qu'ils remarquèrent parmi les charretiers et les hommes armés qui les escortaient, augmenta le courage des agresseurs, qui se persuadèrent que, sans beaucoup de résistance, ils remporteraient la victoire, les voyant trop écartés les uns des

15

autres : celui même qui les commandait les laissait aller, ne les pouvant ranger ni mettre en état de se bien défendre. L'attaque d'abord fut contre ceux du milieu et les plus avancés, qui pourtant eurent l'adresse de se sauver dans la forêt voisine, avec leurs chevaux.

On entendit aussitôt le tocsin à Neuville : la vaillante d'Ernecourt parut incontinent à cheval; et, durant que tout son monde était dans les préparatifs de cette expédition, elle arriva heureusement, seule, en diligence au secours de ses villageois, pendant que quatre Cavaliers emmenaient déjà 15 ou 16 chevaux.

Après une mûre délibération, la prudence l'empêcha de les entreprendre sans son escorte ordinaire, et l'obligea d'attendre qu'elle fût venue. Quoique le succès d'une conduite prudente ne soit pas toujours le plus heureux, il est pourtant toujours le plus louable : jamais la témérité n'est digne de louange. Mais la témérité des femmes n'est pas entièrement blâmable, parce qu'elle est rare, et qu'elle surmonte un puissant ennemi, qui est la crainte naturelle au sexe féminin, à laquelle notre Amazone n'avait aucune participation.

Madame de Saint-Balmon poursuivit avec l'épée et le pistolet les fourageurs, ou plutôt les larrons, de telle sorte qu'ils lâchèrent toute la prise. Le Sieur de Manheule, son fidèle en toutes les occasions, ne l'ayant pu joindre assez promptement, courut risque de quelque désastre. Comme il était Chef de ce convoi, les ennemis le pensèrent dépouiller, et il se défendit néanmoins en homme de cœur et d'expérience. Après tous leurs efforts et toutes leurs violences, ils ne lui firent point d'autre mal, sinon de lui ôter ses chausses, dans lesquelles était une Patente ou un Passeport du Colonel Estref, en vertu duquel il prenait sous sa protection et sauvegarde la personne de Madame de Saint-Balmon, ses vassaux et ses terres, et toutes ses appartenances.

Ainsi en usaient en son endroit les principaux Officiers des Armées et les Gouverneurs des Villes frontières des deux partis, tant ils avaient de vénération pour elle. La piété, jointe à la vaillance, trouve partout des admirateurs, et rien ne peut arrêter l'exécution de ses justes desseins. Quiconque examine attentivement la conduite de Barbe d'Ernecourt, la peut égaler aux Héros de l'antiquité, et il la peut proposer pour modèle aux plus pieux et aux plus braves. Il n'y a point de différence que dans la diversité des occasions : elle a fait, dans les rencontres particulières, et contre les coureurs et ceux qui ne cherchent qu'à piller, ce que les plus célèbres Généraux d'armées font dans les batailles rangées et dans les siéges des plus fortes Places.

CHAPITRE XLII.

Deux combats, l'un du 24 de Juin 1639, *l'autre du mois de Mai* 1640.

La plus grande peine de ceux qui commandent dans les armées, consiste à donner du courage aux soldats qui en manquent, lorsqu'il faut repousser les efforts des ennemis, ou bien à les remettre dans leur rang, quand ils l'ont une fois quitté. Comme les Chefs ne peuvent pas faire seuls réussir tous leurs desseins, ils ont besoin du secours des autres, qui, bien qu'ils dépendent d'eux, ne sont pas néanmoins toujours obéissants, ou parce que la crainte les rend lâches, ou pour des considérations particulières, qui les empêchent d'agir fortement pour la chose publique.

Madame de Saint-Balmon a fait expérience de ce malheur dans la conduite des troupes qu'elle entretenait pour la défense de ses amis, de sa maison et de son Village. Parlons du combat du vingt-quatrième jour de Juin 1639. On l'avertit qu'un escadron de Cravates se cachait dans le bois de Meuze, à une lieue de Neuville : le mauvais temps les avait contraints de s'arrêter là dans une manière de hutte et de loge, où elle ne voulut pas les laisser longtemps en repos, afin de les surprendre. La Messe ne fut pas sitôt achevée, qu'elle manda une partie de ses habitants au Château ; puis elle s'écria, d'abord qu'ils furent assemblés : « Prenez les armes, et me suivez sans retardement. »

Ils obéirent, quoiqu'avec peine, craignant de tomber encore dans un furieux démêlé, semblable à celui d'Oinville, que j'ai décrit ci-dessus. On remarqua, en effet, que depuis cette escarmouche ils n'allaient pas si librement aux occasions, et que la première ardeur à secourir leur Maîtresse était beaucoup diminuée. Durant ces préparatifs, l'Aumônier dit indiscrètement à un Villageois inconnu, qui s'était réfugié dans Neuville, le dessein de *Madame*. Celui-ci envoya un de ses fils secrètement vers les ennemis, pour leur en donner avis, trahissant les intérêts de l'Amazone, qui n'en avait point d'autres que ceux de l'Eglise et des pauvres.

Ils résolurent donc de lui dresser une embuscade, et de la tuer en passant dans le bois. Mais sa diligence à les prévenir les trompa ; et, la croyant attraper, ils furent attrapés eux-mêmes. Elle s'empara inopinément de leur loge ; et, leur coup étant rompu, ils n'eurent le loisir que de s'enfuir avec précipitation et dans le désordre. Ils venaient de sortir quand elle arriva, et les verres où ils avaient bu, étant encore sur la table, témoignaient leur surprise, qui ne leur avait pas permis d'achever leur repas, et de serrer le butin. Elle trouva une femme, qui faisait semblant de prier Dieu. Cette dévotion apparente et affectée donna sujet de soupçonner quelque trahison ; ce qui fut confirmé depuis avec certitude. Le procès fut fait au traître, à qui pourtant L'Amazone Chrétienne fit grâce, ne voulant pas, à l'imitation de Dieu, la mort du pécheur, mais son amendement et sa pénitence.

Il ne faut pas oublier le combat du mois de Mai 1640. Au bruit que dix Cavaliers ennemis avaient pillé, proche du Village de Neuville, les chevaux qui labouraient, elle courut à cheval avec deux de ses domestiques, montés à l'avantage, qui furent les plus diligents, et les plus prompts à la suivre. Ayant une attention particulière sur la marche des assaillants, elle les vit en posture de la recevoir avec des mousquetons et d'autres armes : ce qui l'obligea de commander à un laquais, qui était toujours à sa suite, armé d'un bon fusil, de s'enfoncer habilement au milieu d'une haie forte et touffue, près d'eux : « Joue si bien ton personnage, lui « dit-elle, que tu leur donnes lieu de croire « qu'ils n'en ont pas un seul à combattre, « mais plusieurs, qui sont en disposition de « les tailler en pièces, et de les perdre. » Cependant elle s'avançait, et feignait de vouloir attirer ces pilleurs au combat vers la haie. Ce n'étaient pourtant que des mines, pour les tenir en haleine et les provoquer, en attendant le secours qui venait.

Tout résolus qu'ils pouvaient être, ils s'imaginèrent qu'elle les amusait, pour les faire tomber dans une embuscade. On les vit en même temps prendre l'épouvante et la fuite, sans se soucier de leur butin, qu'ils abandonnèrent à la merci de celle qui les avait vaincus. Ainsi les chevaux furent recous (1)

(1) C'est-à-dire *délivrés* ou *recouvrés* par l'adresse et le courage de l'Amazone. — Participe passé de l'ancien

avec adresse et générosité par une femme qui savait bien le métier de la guerre, et qui en observait exactement les lois dans les occasions qui lui survenaient, comme les plus expérimentés Généraux d'armée dans les grandes batailles.

CHAPITRE XLIII.

Combat du mois de Juin 1640.

Les garnisons des Villes frontières donnaient quelquefois de l'exercice à notre Amazone, particulièrement les Lorraines, Espagnoles et Impériales, à cause de son intelligence avec la France, dont elle a toujours soutenu les intérêts. Si les nôtres l'ont harcelée en quelques occasions, ou bien ils le faisaient sans ordres et ils en portaient la folle-

verbe *recourre,* lequel est inusité, mais dont on a formé sans doute cette vive expression : *A la rescousse!*

enchère (1), parce qu'elle les repoussait toujours vigoureusement, et à leur confusion, aussi bien que les autres ; ou peut-être l'attaquaient-ils devant que l'on connût assurément son affection pour la France.

Un parti de la garnison de Thionville, d'environ vingt-cinq hommes, pilla un village dépendant de la terre et Seigneurie de Beaulieu. Leur retraite, après cette violence, fut, sur la nuit, dans un autre, nommé Couronne, à une lieue de Neuville, près duquel ils passèrent. Madame de Saint-Balmon, en ayant eu avis à minuit, sortit promptement hors du lit, et monta à cheval, avec cinq ou six Cavaliers. « Allez, dit-elle à un de ses « Gentilshommes, prendre la plupart du « corps de la garde de mon Village, et « venez aussitôt me joindre avec cette es- « corte. »

Le manquement de munitions, dont on s'aperçut, lorsqu'ils commençaient tous à marcher, les obligea de faire halte, et de

(1) Ils étaient punis de leur témérité.

s'arrêter un peu, au commandement de la *Dame*, qui voulait qu'ils en fussent tous fournis, et en diligence. Cela ne s'exécuta pas, néanmoins, avec assez de promptitude. Comme ils entraient dans Couronne par un côté, les ennemis sortaient déjà par l'autre. L'Amazone, cependant, accompagnée de ces cinq ou six Cavaliers, ne laissa pas de courir après eux, jusqu'au bois, où elle en blessa deux, et fit deux prisonniers.

Cette capture fut avantageuse, en ce que, ceux-ci étant rendus depuis, il y eut traité, par lequel les habitants de Neuville seraient considérés en qualité de Soldats, et que ses domestiques auraient la liberté d'aller et de venir, sans être inquiétés, ni fouillés, moyennant le passe-port qui leur serait expédié par leur Maîtresse.

L'heureux succès de ses combats venait de plusieurs principes : premièrement, de la bénédiction de Dieu, qui favorisait ses bonnes et droites intentions ; secondement, de sa valeur et de sa prudence au-delà du commun ; qualités autant nécessaires aux Chefs des gens de guerre, qu'elles sont merveilleuses dans un sexe dont les communs emplois n'ont pas besoin de vertus si pompeuses, ni si éclatantes.

Il faut avouer que la résolution d'une femme qui paraît à la tête de ses troupes, sans aucune crainte, même plutôt dans une vigueur et une fermeté martiale au-dessus de l'ordinaire, surprend les plus hardis guerriers, quand ils se voient obligés de soutenir des attaques de cette nature. L'incertitude de la victoire faisait fuir les ennemis de Madame de Saint-Balmon, qui aimaient mieux être fuyards que battus d'une femme : la honte de la fuite ne leur était pas si sensible que celle d'être bafoués et raillés. Mais, en vérité, il ne se trouve guère d'Amazones semblables à la nôtre, puisqu'on en peut faire comparaison avec les plus grands Capitaines anciens et modernes.

CHAPITRE XLIV.

Deux combats, l'un du mois de Mars 1641, l'autre du 22 de Juillet de la même année.

Le combat du mois de Mars 1641 mérite une attention particulière, pour plusieurs circonstances remarquables. Monsieur des Armoises, son parent et intime ami, Gentilhomme qualifié, l'ayant visitée, voulait aller à Commercy. Sa bonne cousine de Saint-Balmon, l'y conduisant, rencontra un Père Cordelier avec quelques paysans, qui venaient d'être volés par treize ou quatorze Cravates. Cet accident la toucha et lui donna de la compassion; principalement le désastre du Religieux, qui avait perdu un cheval en cette fâcheuse rencontre, lui fut sensible. Elle courut après les voleurs avec huit ou neuf Cavaliers, qui l'escortaient.

Etant assurée du lieu où ils s'étaient retirés, puis commandant à une partie des siens de mettre pied à terre : « Entrez, leur dit-elle, dans le Bois, durant que je demeurerai avec le reste de vos camarades en embuscade du côté de la campagne. » Cependant le Cordelier priait Dieu à genoux, au pied d'un arbre, pour le bon succès des prétentions de sa libératrice.

Les ennemis, se voyant pressés, fuyaient; et quelques-uns sortirent de la forêt, et parurent dans les champs, où plusieurs furent blessés, et tous prisonniers. Leurs armes et leur butin demeurèrent aussi entièrement à la disposition de la Victorieuse.

L'Amazone leur ayant déclaré que, s'ils voulaient faire venir le reste de leurs compagnons, on leur donnerait quartier, ils acceptèrent cette offre. Elle les mit tous ensuite dans le Régiment de son mari, qui, pour lors, tenait le parti de la France, étant en garnison à Bar-le-Duc, après le dernier traité que le Roi fit avec le Duc Charles.

Le combat du mois de Juillet 1641 est célèbre, parce qu'il fut donné pour défendre les intérêts de la Reine des Anges.

La dévotion de Notre-Dame de Benoîtevaux ne se refroidissait point au milieu des tumultes de la guerre : les peuples, au contraire, y avaient recours avec plus de ferveur, et en plus grand nombre, pour en obtenir du soulagement dans leurs misères. Une troupe de femmes et de filles Champenoises revenait de ce saint lieu, en un temps que l'on avertissait notre Alberte d'Ernecourt d'un parti d'ennemis qui paraissait au village de Chaumont, à une demi-lieue de Neuville.

L'abord de Chaumont étant très-difficile de tous côtés, et aucun n'y pouvant entrer sans être découvert, elle s'avise d'un stratagème digne de son bon esprit, commandant à vingt-cinq mousquetaires de se couler au milieu de ces Pélerines. Ils cachèrent leurs armes et avancèrent assez heureusement pour surprendre les galants. Il y en eut trois prisonniers, et les autres se réfugièrent dans le bois de Ranzières, qui est proche de cette Paroisse.

Madame de Saint-Balmon ordonnant à ses gens de les poursuivre vivement, sans leur donner loisir de reprendre haleine, cet ordre fut exécuté aussitôt avec tant de bonheur, que cinq demeurèrent eucore prisonniers. Ses victoires étaient remarquables, en ce que non-seulement elle surmontait ses ennemis, mais, de plus, en ce qu'elle procurait leur bien et leur avantage, quand ils ne s'en rendaient pas indignes par leur mauvaise conduite. La principale remarque est, qu'elle consolait ceux qui étaient injustement opprimés, les délivrant de la violence de ces coureurs, qui étaient contraints de restituer ce qu'ils dérobaient. Ces derniers agresseurs ayant volé à un tavernier du village de Sumpuis, au retour du Pèlerinage de Benoîte-vaux, son cheval et sa casaque, tout lui fut rendu, par les soins et par la générosité de notre Amazone.

CHAPITRE XLV.

Deux combats, l'un du mois de Février 1642, l'autre du mois de Juillet de la même année.

La faiblesse de l'homme n'est que trop visible en toutes rencontres. S'il raisonne, c'est dans l'obscurité, et d'une manière si faible, qu'il ne pénètre jamais assez profondément les objets de ses pensées : il en effleure seulement la superficie, demeurant toujours dans l'incertitude et dans l'ignorance. Si l'homme embrasse des desseins, quoique justes et dignes de ses efforts, il s'ennuie souvent de les poursuivre ; et, au lieu de les conduire jusqu'à leur perfection, il s'en rebute, quand il faut beaucoup de temps à en venir à bout : la seule longueur d'un emploi facile et agréable lui semble ennuyeuse, et le décourage. Jugez donc ce qui lui arrive, quand il y trouve des difficultés. Après avoir eu bien de la peine à l'entreprendre, il y renonce volontiers, dès qu'il se voit obligé de surmonter les obstacles qui s'opposent à l'exécution de ce qu'il prétend, et qui demandent une constante persévérance.

Il n'y a que les hommes extraordinaires que les contrariétés ne peuvent abattre, et qui savent profiter des résistances et des traverses ; ils ressemblent, en quelque façon, aux bêtes féroces, qui ne sont jamais plus furieuses que quand elles ont reçu une blessure, et qu'elles voient couler leur sang.

Barbe d'Ernecourt avait l'âme de cette trempe : les peines et les travaux, en la fortifiant, semblaient l'endurcir. Ce qui épouvantait les autres, l'encourageait : la continuation des occasions de combattre, au lieu de lui être onéreuse, lui était agréable, dans les conjonctures mêmes qui rendent l'exercice des armes comme impossible, ou du moins très-difficile.

Les armées se retirent d'ordinaire dans leurs garnisons, pour s'y rafraîchir durant l'hiver, qui n'est pas une saison propre à faire la guerre ; au lieu que les Soldats battent aux champs, dès que l'air est adouci par les premières chaleurs, et que la terre a commencé à produire ce qui est nécessaire pour la subsistance des troupes. Madame de Saint-Balmon n'observait point ces maximes, auxquelles son zèle et sa charité ne pouvaient s'assujettir. Je m'en vais raconter deux de ses actions, exécutées, l'une dans les grandes rigueurs du froid, l'autre dans les excessives ardeurs de l'été. Il est toujours temps de bien faire, de servir Dieu et le prochain.

Les Cravates avaient pillé les chevaux d'un Gentilhomme son ami, nommé Monsieur Thomesson. L'avis qui en fut donné à l'Amazone Chrétienne la fit aussitôt monter à cheval, pour les aller attaquer dans le village de Souilly, distant de Neuville pour le moins de deux lieues. L'assurance qu'elle eut, qu'ils attendaient la rançon de leur prise, lui fit croire qu'elle les trouverait encore.

Ni la médecine qu'elle avait prise ce jour-là, ni le temps de pluie et d'orage ordinaires au mois de Février, ne la retardèrent pas d'un moment : son Médecin, pour ce sujet, voulut être de la partie; quelques-uns aussi de ses Cavaliers et de ses Fantassins marchaient à sa suite. La maison où l'on crut que ces voleurs s'étaient retranchés, fut assiégée par son Infanterie, selon ses ordres, durant que sa Cavalerie était postée à toutes les avenues du Village, pour s'opposer à l'évasion des ennemis.

La démolition de la plupart des logis de cette Paroisse fut cause du soupçon qu'elle eut, qu'ils s'étaient retirés dans les caves, avec quelques paysans : voilà pourquoi elle y fit mettre le feu ; ce qui obligea un Escadron de ces coureurs, cachés en cet endroit, de députer un villageois vers la vaillante d'Ernecourt, pour l'assurer que les chevaux seraient rendus. « La Communauté du Village, « ajouta-t-il, consent que l'on emmène les nô« tres mêmes pour gage et pour assurance des « autres. Je jure et je proteste, Madame, que « les Cravates ne sont pas ici, mais dans le « bois voisin, où ils se sont logés, dès que la « sentinelle a découvert votre approche. » Il mentait, les voleurs étant effectivement dans la cave d'où il venait de sortir. Sur cette protestation, néanmoins, elle retourna à Neuville, où les chevaux qu'elle demandait lui furent renvoyés le soir ; et Monsieur Thomesson les eut aussitôt.

Il appartient aux personnes illustres de protéger les honnêtes gens et les innocents opprimés ; et il y a moins de gloire à confondre les insolents et à humilier les superbes, qu'à soulager les misérables.

Cinq ou six Cavaliers et d'autres domestiques l'accompagnaient, un matin, à la chasse, dans le mois de Juillet. Sur l'avis qu'en une forêt prochaine, quelques Cravates se disposaient pour gagner un village distant d'un quart de lieue, elle dressa une embuscade, afin de les attraper en leur marche. Leur retardement l'obligea de commander à un des siens de les aller reconnaître. Dès que les Cravates, adroits et rusés, l'aperçurent, ils le poussèrent vivement au nombre de sept ou huit Fantassins. Ils furent, en même temps, chargés par la *Dame*, qui en blessa un et prit trois prisonniers, durant que les autres se sauvèrent dans le bois.

Comme le grand nombre de ses victoires n'en diminue pas la splendeur ni le lustre, aussi n'en devons-nous pas avoir moins d'estime, quoique nous soyons accoutumés à lire ou entendre le récit qui nous en est fait. La rareté, n'ajoutant rien à l'excellence des choses, ne fait point d'impression sur les bons esprits, mais seulement sur les médiocres et les vulgaires.

CHAPITRE XLVI.

Deux combats, l'un du 30 *de Novembre* 1642, *l'autre du mois d'Avril* 1643.

Nous ne trouvons guère de génies qui puissent agir fortement, quand ils souffrent beaucoup. Les chagrins de l'esprit diminuent les forces du corps ; les douleurs du corps énervent la vigueur de l'esprit, dont les fonctions deviennent d'autant plus faibles, que les organes corporels sont plus travaillés et plus affligés.

Les travaux de la guerre demandent une santé parfaite ; et, quand les Capitaines ou les Soldats malades ne se dispensent d'aucunes fatigues militaires, ils témoignent un courage double et suréminent. Notre Amazone était dans ce degré de perfection, comme nous l'allons voir dans l'histoire suivante.

Au sortir d'une dangereuse maladie, dont le péril n'était passé que depuis huit jours, l'alarme sonna, et on lui rapporta que l'on pillait son Village. Chacun s'efforça de l'arrêter, et, malgré les résistances, elle ne laissa pas de paraître sur son cheval, à la tête de ses troupes. Les ennemis disparurent incontinent, au premier son de la cloche, et au bruit du tambour.

Afin de ne perdre pas entièrement leur peine, ils emportaient tout ce qu'ils pouvaient attraper dans la Paroisse de Longchamp, qu'ils rencontrèrent sur leur marche, à demi-lieue de Neuville. L'Amazone, le sachant, les entreprit si chaudement, qu'ils cédèrent la place. Sa chaleur n'en demeura pas là : elle leur fit encore lâcher prise. Etonnés de la voir sans cesse à leurs trousses l'espace d'un grand quart de lieue, ils lui abandonnèrent tout leur butin. Longchamp, par ce moyen, fut exempt du pillage, et les habitants ne reçurent aucun détriment.

Comme le bonheur et la bénédiction de Dieu accompagnaient partout la valeur, l'adresse et l'expérience de l'Amazone, les coureurs n'en pouvaient souffrir les approches. Le tonnerre, lorsqu'il gronde dans la nue, semble menacer davantage ceux qui l'entendent de plus près.

La saison rendant alors les chemins fort incommodes, à cause des neiges qui couvraient la terre, Barbe d'Ernecourt ne laissa pas d'avoir un heureux succès de son entreprise. Le retour de sa pleine santé, en suite d'une si bonne action, fit juger que le contentement qu'elle en recevait, l'avait guérie. Le travail néanmoins de ce voyage fut extraordinaire, puisque ceux qui l'accompagnaient en devinrent presque tous malades.

Un Gentilhomme s'étant réfugié dans son Village, le bruit vint que les ennemis de la garnison de Thionville s'étaient saisis de ses chevaux. Madame de Saint-Balmon, qui s'intéressait beaucoup plus dans les affaires d'autrui que dans les siennes, ayant appris qu'ils les avaient vendus à Goze et à Chamblay, Paroisses distantes de douze ou quatorze lieues de Neuville, partit à trois heures du matin, avec quinze Cavaliers fort lestes et habiles.

La forêt de Saint-Benoît, qui est la plus dangereuse de ce pays-là, ne l'effraya point, et la pensée des meurtres et autres attentats qui s'y commettent souvent, ne l'empêcha pas de la traverser; et même, s'y étant perdue l'espace de deux heures, le guide qu'elle prit auprès d'une Abbaye la remit dans son chemin.

L'assurance qu'on lui donna, que divers partis de coureurs battaient la campagne, ne la fit point reculer. Elle alla droit, d'une seule traite, à Goze, enlever un des chevaux qu'elle cherchait. Son entrée dans ce lieu fut heureuse, et fut cause de la prompte sortie de trente ou quarante Cravates, qui ne se tenaient pas en sûreté dans ce Bourg, dès qu'elle y parut. De là, elle vint passer la nuit au Château de Chamblay, où les autres chevaux lui furent rendus. Ce ne fut pas sans d'extrêmes peines, et il lui fallut user de menaces et de bravoure, qui réussirent par sa prudence.

Dès la pointe du jour, elle reprit la route deson logis, et y arriva de bonne heure. Ce dernier voyage l'engagea en de rudes fatigues, tant pour l'éloignement, que pour la difficulté des chemins. Les Cravates, honteux de se voir bannis d'un lieu qui leur servait de retraite ordinaire, par la vaillance et la sage conduite de Madame de Saint-Balmon, n'eurent plus la hardiesse d'entreprendre rien sur ce qui lui appartenait, puisqu'elle leur donnait la chasse si loin, à leur confusion. Le malheur qui leur était inévitable quand ils en venaient aux mains avec elles, les tenait toujours dans la crainte, parce qu'il est naturel de craindre tout, quand on est malheureux.

CHAPITRE XLVII.

Combat du mois de Juin 1643.

David rend grâces à la Majesté Divine, de ce qu'elle a instruit ses mains pour combattre, et ses doigts pour faire la guerre. Le parfait guerrier doit être un homme d'exécution et de conseil : les mains sont les principaux instruments des Soldats et des Officiers subalternes, pour exécuter avantageusement les ordres des Généraux d'armée : quoique ceux qui commandent aient aussi besoin de la main dans les combats et dans les siéges, le doigt est pourtant ce qui les distingue précisément des autres. Le Saint-Esprit est nommé dans l'Ecriture *Le doigt de la droite de Dieu*, parce qu'il est l'origine des lumières, qui nous font connaître Dieu et l'aimer. C'est le Saint-Esprit, pareillement, qui règle la conduite des Chrétiens, par les inspirations communes ou par la révélation extraordinaire. Il s'ensuit que le doigt peut être pris pour le symbole du conseil et de la prévoyance. C'est dans cette vue que David, après avoir remercié Dieu des instructions qu'il a données à ses mains pour le combat effectif, le loue encore d'avoir enseigné à ses doigts à prévoir les événements et à prescrire les ordres de la guerre. Quoique Madame de Saint-Balmon n'ait pas commandé des armées, elle a assez fait pour nous persuader que ses mains et ses doigts savaient bien le métier, à la gloire et par la grâce de Dieu.

Vingt-quatre mousquetaires, de la garnison de Verdun, furent attaqués, dans une rencontre, par quarante Cavaliers ennemis, entre Neuville et Chaumont. La première nouvelle qu'en eut notre Amazone, la fit monter à cheval, avec dix ou douze de ses domestiques, pour reconnaître ce que c'était. Les agresseurs, à la première vue d'un si prompt secours, firent halte, et l'Infanterie de Verdun eut le temps de gagner des fossés qui sont proches du grand chemin.

La généreuse femme, considérant que ses Fantassins ordinaires s'avançaient en gros, jugea que ses troupeaux, qui paissaient dans une prairie voisine, devaient s'approcher d'elle; ce qui fut exécuté sans retardement, quoique les Cravates n'eussent encore osé faire aucun effort pour s'en saisir.

Pour les Mousquetaires de Verdun, ils demeurèrent toujours assiégés dans leurs retranchements : une partie des Cavaliers qui les avaient assaillis, mit pied à terre, pour les forcer de plus près, et les tailler en pièces plus facilement, étant secondés de vingt-sept hommes d'Infanterie, qui accouraient à leur aide.

Le Commandant des Verdunois, bien persuadé des bonnes intentions de Madame de Saint-Balmon pour la France, l'envoya promptement avertir du dessein des ennemis, et qu'ils avaient besoin de son secours. Il suffisait qu'il y eût occasion d'assister les Français, et de réprimer la violence des étrangers, pour l'exciter. La voilà en un moment auprès de ceux qui demandaient sa protection, et devant que le renfort arrivât aux adversaires.

Ils ne l'eurent pas sitôt aperçue avec son escorte, qu'ils lâchèrent honteusement le pied, au grand contentement des nôtres, qui ne pouvaient assez remercier l'Amazone de sa fidélité, de sa diligence et de son courage. Les ennemis laissèrent un de leurs hommes fort blessé dans le Village prochain, que la charitable d'Ernecourt envoya prendre prisonnier, non pour exiger de lui ce que les lois de la guerre permettent, mais pour accomplir en son endroit les maximes de la charité, pour le bien traiter et faire panser. Il mourut néanmoins sept jours après, de ses blessures, qui étaient mortelles et incurables.

C'est le caractère des esprits malicieux, d'être d'autant plus cruels qu'ils sont plus injustes : c'est, au contraire, la marque d'une âme noble et vertueuse, de favoriser un insolent qu'il fallait châtier. Elle haïssait trop la violence et aimait trop la clémence, pour souffrir qu'on accablât un misérable, qui n'était pas en état de se défendre.

CHAPITRE XLVIII.

Combat du 25 de Juillet 1643.

La piété aiguise la justice. Un de nos Rois avait ces paroles dans sa devise, et nous en voyons l'accomplissement dans la conduite de l'Amazone Chrétienne. Elle ne combattait jamais que pour la justice, que pour conserver le bien d'autrui, et pour empêcher les désordres. Cette fin si droite, étant encore épurée par la piété, allumait le feu de son zèle, et fortifiait grandement son courage : je veux dire que, quand il y allait de la défense des Autels et du service de Dieu, les profanateurs la sentaient fondre sur leurs têtes, comme une foudre céleste.

Une fièvre continue l'ayant fort travaillée, et longtemps, lui laissa une faiblesse extrême : une fluxion, pareillement, sur le bras et tout le côté gauche, fit appréhender qu'elle n'en demeurât percluse le reste de sa vie ; ce qui l'obligea à garder le lit. Cependant, le Père Prieur de Benoîtevaux se trouvant à Neuville le jour de saint Jaques le Majeur, on le vint avertir que les Cravates commettaient mille impiétés dans la Chapelle.

On racontait qu'ayant arrêté des Pèlerins prisonniers, ceux-ci eurent l'adresse de s'échapper. Les voleurs, les croyant dans l'Église, y entrèrent l'épée à la main, sans aucun respect, et blasphémèrent le nom de Dieu. Ce discours ne vint pas d'abord aux oreilles de Madame de Saint-Balmon, à qui on ne parlait pas aisément, à cause de son incommodité. Le Père Prieur lui en toucha un mot, et l'on vit en même temps ses forces revenir peu à peu. Elle eut toutefois la prudence de ne pas manifester son dessein d'aller venger la querelle de la Mère de Dieu, de peur qu'on ne s'y opposât.

Enfin, le Sieur Berthelet, qui était un de ses principaux domestiques, (1) et un personnage zélé pour la foi, généreux dans ses entreprises, droit dans toutes ses actions, fort avisé, tant pour la guerre que pour les autres affaires, eut ordre de sa part d'amasser promptement du monde pour la suivre. La peine qu'elle eut à se lever et monter à cheval, faisait craindre que le succès de son entreprise ne fût pas heureux. Elle ne pouvait

(1) On voit que ce terme de *domestique* est souvent pris par l'auteur dans son acception la plus étendue, et qu'il signifie *toute personne appartenant à la Maison*, et comme étant de la famille.

presque tenir la bride au commencement. Sitôt néanmoins qu'elle fut hors du village, son zèle la fortifiant de plus en plus, elle galopa jusqu'auprès du Père Prieur, qui s'en retournait, et qu'elle avait prié qu'incontinent après son arrivée, il ne manquât pas de lui mander comme tout se passait à Benoîtevaux. Ces paroles ne tendaient qu'à couvrir sa pieuse intention, qui était de battre absolument les Cravates, et de les défaire.

A l'entrée du bois, distant de Benoîtevaux d'un quart de lieue, ses gens s'arrêtèrent par son commandement. La harangue qu'elle leur fit alors les anima tellement, qu'ils tenaient à gloire de perdre la vie pour un sujet si noble et si juste. Ils étaient au nombre de trente, qu'elle partagea en deux bandes, leur ordonnant de prendre deux divers chemins, pour entourer le lieu d'une manière qui ne permît pas aux coureurs de s'évader. Par cet ordre, les ennemis n'eurent point le temps de se reconnaître. Il y eut pourtant d'abord salve de part et d'autre, où le grand Mareschal, insigne voleur, qu'on n'avait pu attraper, fut tué. Les autres furent prisonniers, et leurs armes demeurèrent entre les mains des vainqueurs.

On ne peut exprimer avec quel feu et quelle vigueur l'Amazone Chrétienne, tout indisposée qu'elle était, agit en cette expédition. Ses forces lui revinrent en combattant : quelque agitation qui arrivât dans la mêlée, on la voyait toujours à la tête de son monde, montée sur un beau cheval, qu'elle maniait de fort bonne grâce, le pistolet en une main, et l'épée en l'autre, avec sa mine guerrière et tout à fait avantageuse. L'écharpe blanche qu'elle avait fait mettre sur son buffle, était nouée avec un ruban de couleur de feu ; ce qui lui donnait un éclat incomparable. Plus de trois cents personnes, qui étaient là en pèlerinage, furent témoins oculaires de cette action si merveilleuse.

Ceux qui connaissaient bien la fameuse d'Ernecourt, disaient que, pour la guérir de ses maladies, il lui fallait susciter des occasions de combattre, parce que le désir de s'opposer aux désordres, et d'avancer la gloire de Dieu et de sa divine Mère, la rendait entièrement vigoureuse. La mort de ce brigand que nous venons de nommer donna une grande satisfaction à tout le pays, qui le regardait et le redoutait comme un fléau de la Province.

Ses compagnons furent dix ou douze jours prisonniers au Château de Neuville, jusqu'à ce que le Gouvernement de Verdun les envoya quérir par une troupe de Mousquetaires, qui eurent particulièrement soin de lui mener leur Commandant, appelé La Croix : celui-ci, en effet, devait répondre des actions de ceux qui étaient sous sa charge.

La prudente Saint-Balmon, ne se contentant pas de la splendeur de sa victoire, voulut la justifier devant les Officiers de ces voleurs. Pour ce sujet, elle leur adressa le procès-verbal de leurs désordres en bonne forme, et produisit les Passeports et Sauvegardes expédiés par tous les Gouverneurs d'alentour, pour la sûreté des Pèlerins et de la dévotion de Benoîtevaux. La réponse fut que, s'ils tenaient les larrons, ils les feraient pendre. Durant le séjour de ces prisonniers à Neuville, celle qui les avait sous sa domination désira les assujetir à Dieu par les pratiques de la piété : elle en persuada trois de s'enrôler dans la Confrérie du Scapulaire ; et la vertu commençait déjà à prendre racine dans leurs âmes, par les exhortations de la Victorieuse, quand ils sortirent de son logis.

Comme elle parlait agréablement et avec beaucoup de facilité sur toute sorte de matières, son talent paraissait avec éclat singulièrement sur les sujets de vertu et de conscience. Son air, ses inclinations, ses mœurs et son exemple formaient alors un parti, et composaient une batterie qui ne trouvaient point de résistancc dans les cœurs les plus rebelles : sa bouche jetait des feux et des flammes capables de faire fondre les bronzes et les marbres.

CHAPITRE XLIX.

Action remarquable de notre Amazone pour le service du Roi Très-Chrétien.

Nous n'agissons jamais avec plus de force ni de bonheur, que quand, outre l'inclination naturelle qui nous porte vers un objet, nous y remarquons aussi de la gloire et de la justice. Plusieurs sont enclins à quelque exercice qu'ils ne veulent pas néanmoins embrasser, parce que peut-être il n'est ni juste ni honorable. Lors donc qu'un emploi nous agrée, et que nous y trouvons l'honneur et la vertu ensemble, nous nous y appliquons avec une vigueur non pareille; et d'ordinaire le succès en est très-avantageux. Il ne faut pas s'étonner de voir l'ardeur avec laquelle Madame de Saint-Balmon servait les Français, dont elle croyait les intérêts pleins d'équité.

Trois jours après la défaite précédente, savoir le 28 de juillet 1643, un Commissaire de l'Artillerie Française, qui était à Bar-le-Duc, apprit que le convoi de Châlons devait passer bientôt par Verdun, pour aller au camp de Thionville, qui était alors assiégé par les nôtres. Il prit vingt-cinq Mousquetaires à Bar, pour l'escorter jusqu'à Neuville, avec autant de chevaux d'attirail, qu'il menait.

L'assurance qu'il avait du cœur et de la générosité de celle de qui j'écris l'histoire, l'enhardit à lui demander escorte jusques à Verdun, après avoir congédié ses Mousquetaires. Le zèle qu'elle avait pour le service de la France lui fit aisément accorder la demande : elle voulut conduire elle-même ses troupes. Cependant les ennemis, qui étaient en campagne, sachant la marche du Commissaire, conçurent le dessein de lui faire pièce.

Dès le lendemain de son arrivée à Neuville, il partit le matin pour achever son voyage. L'Amazone accomplit sa promesse, et l'accompagna si heureusement à la tête de ses Cavaliers ordinaires, que, par sa présence et ses bons avis, il vint à bout de son entreprise. En vérité, sans elle, il fût tombé dans l'embuscade qu'on lui préparait. Le doute qu'elle eut que ces coureurs ne l'attendissent au chemin accoutumé, la fit détourner par un autre, qui mit tout le convoi en sûreté, et priva les ennemis de la proie qu'ils poursuivaient avec tant de chaleur. Ils pensèrent enrager de dépit ; et ce changement de route ayant rompu leur coup, ils s'efforcèrent de la surprendre à son retour, et de réparer ainsi leur perte.

La *Dame* fût revenue effectivement par l'endroit où ils étaient campés, si un de ses hommes, qui savait bien la carte de ce pays-là, ne l'eût avertie de cette méprise. Elle rentra en même temps dans le chemin qu'elle avait tenu en allant, et n'eut aucune mauvaise rencontre. Au sortir d'un bois, apercevant un garçon dans la campagne, elle le joignit au galop avec tous ses Cavaliers, pour s'enquérir s'il n'avait rien vu : « Je viens d'être, répondit-il, poursuivi par les Cravates. »

A l'heure même ceux-ci parurent à la

courtine du bois, côtoyant Madame et ses gens. Sa prudence alors lui suggéra, n'ayant que douze ou treize Cavaliers sans Infanterie, de ne pas attaquer les ennemis, qui étaient à pied dans la forêt. Elle avait un beau feu d'imagination, beaucoup de vivacité et de finesse d'esprit, mais aussi un grand jugement.

Si nous considérons attentivement les particularités de cette action, nous l'admirerons autant que les précédentes : pour n'être pas sanglante, elle n'en est pas moins estimable. Les Historiens n'ont garde d'oublier la sage retraite dont usent quelquefois les Généraux d'armée, quand il n'y a pas lieu de combattre. Le Chevalier Bayard est autant loué, dans nos Annales, pour avoir pratiqué sagement la fuite du loup, que pour avoir imité courageusement l'assaut du lévrier et la défense du sanglier. Quoique Madame de Saint-Balmon portât dans le corps d'une femme le cœur d'un César ou d'un Alexandre, elle ne laissait pas d'avoir la tête et la prudence de Fabius Maximus : l'alliance de ces deux qualités l'ont toujours rendue triomphante.

CHAPITRE L.

Combat du mois de Novembre 1643.

Le génie des braves guerriers n'est jamais ni barbare, ni austère, quoiqu'il paraisse fier et majestueux. Cet air fort et noble, étant tempéré par une mélancolie douce et par des manières honnêtes, attire tout ensemble le respect et l'amour. Bien que la fierté leur soit quelquefois naturelle, et que les occasions de la guerre allument dans leurs cœurs de nouvelles flammes, quand les affaires demandent de la modération, il n'y a rien de plus traitable, ni de plus accommodant qu'eux.

Les grands Capitaines se plaisent dans l'entretien d'un simple soldat, où ils trouvent souvent des expédients et des stratagèmes qui ne leur seraient pas peut-être venus en l'esprit. Ils entrent quelquefois eux-mêmes dans les plaisanteries militaires, et ils savent profiter en raillant avec les simples Soldats, lesquels, entrant, par ce moyen, dans leur belle humeur, font sans peine tout ce que l'on veut.

La conduite de Madame de Saint-Balmon roulait sur cette maxime. Elle était aussi admirable dans l'observation des lois de la civilité que de celles de la guerre, dont les tracas et les alarmes ne lui ont jamais fait omettre aucune particularité de bienséance ni de tendresse. S'il fallait être sur le froid et le sérieux, on ne vit jamais une personne plus sérieuse, sans qu'elle ôtat rien de sa gaîté ordinaire, qu'elle réservait pour les sujets de cette nature. Sa gravité naturelle ne l'empêchait pas d'être familière dans les rencontres où la prudence l'obligeait d'user de familiarité.

Notre Amazone, sachant qu'une de ses parentes se mariait en son voisinage, lui voulut témoigner sa joie dans cette conjoncture, et rendre visite. Elle apprit, passant par le village de Couronne, que les Cravates y avaient laissé le cheval du Maître de la Poste de Couzancelles, qu'ils tenaient prisonnier dans les bois, et qu'ils prétendaient ne point relâcher qu'après qu'il aurait payé trois cents pistoles de rançon. Elle fut ravie de trouver cette occasion de bien faire à son prochain, sans autre vue, sinon d'imiter Jésus-Christ, en soulageant un homme qui était injustement opprimé. S'étant saisie du cheval, elle commanda à l'un de ses gens d'observer la marche des voleurs, afin que, s'ils venaient pour enlever leur larcin, on se disposât à les recevoir.

Ils n'y manquèrent pas, et surent, à leur confusion, qu'Alberte d'Ernecourt s'était emparée du cheval. Pour s'en venger, ils allèrent se poster dans une ferme abandonnée, qui s'appelle Nos-Champs, proche de la forêt, distante de Neuville d'une demi-lieue. L'espion, qui était demeuré dans Couronne, pour avoir l'œil sur eux, et les reconnaître, avertit Madame, à neuf heures du soir, du lieu de leur retraite, et qu'on leur y portait des vivres.

L'assurance qu'on lui donna qu'ils n'étaient pas en grand nombre, l'empêcha d'augmenter son escorte : se contentant de ses domestiques présents, elle alla à pied, dans une froidure excessive. Faisant d'abord rompre la porte, elle trouva les Cravates couchés auprès du feu, excepté un qui se mit en état de se défendre, mais sans effet. Les autres étaient comme immobiles, par une lâcheté ridicule, et parurent fort étonnés du courage de la brave Cavalière qui les attaquait.

Ils furent tous prisonniers, et on les conduisit à Neuville, avec le personnage qu'ils avaient pris. C'était un grand avantage pour lui de se voir libre, et quitte d'une si grosse rançon, qu'il n'avait promise que par contrainte, à cause de leurs mauvais traitements et de leurs terribles menaces.

Le lendemain, au matin, elle mit les Cravates entre les mains de Monsieur de Vignier, Intendant de Justice en Lorraine, qui vint dîner chez elle, et elle reçut le serment de ceux qui voulurent servir le Roi, ou se retirer en leurs maisons particulières.

CHAPITRE LI.

L'estime que les principaux Officiers des armées avaient pour Madame de Saint-Balmon.

Le mérite et l'autorité des approbateurs rendent l'approbation qu'ils donnent de quelqu'un plus authentique et plus considérable. Le Supérieur qui loue ses inférieurs est digne de croyance, parce que, ses lumières étant plus vives et plus étendues, le jugement qu'il porte des autres est moins sujet à la tromperie. Il les doit aussi mieux connaître, après l'épreuve qu'il en a faite en les gouvernant. De plus, quand les mérites personnels se rencontrent dans un Chef, ses sentiments doivent être suivis sans contredit, et on les doit estimer comme des oracles. Or, la plus belle qualité d'un Commandant est l'expérience, qui, remplissant son esprit de tout ce que l'on demande pour la perfection de ses emplois, le met en état de discerner aisément ceux qui y réussissent avec avantage.

Madame de Saint-Balmon a été assez heureuse pour avoir l'approbation des plus illustres Guerriers de notre siècle. Le Duc d'Enghien, appelé maintenant Prince de Condé, après avoir défait les Espagnols dans la célèbre bataille de Rocroy, assiégea Thionville l'an 1643, où l'on ne manqua pas de lui raconter l'assistance rendue au convoi de Châlons par notre Amazone. Cette action généreuse, qu'elle fit en faveur du siége, et plusieurs autres de même nature, agréèrent infiniment à ce grand Héros, et le portèrent à considérer particulièrement une femme dont la valeur était si rare, et beaucoup au-dessus de l'ordinaire capacité de son sexe. Ses voyages en Allemagne et en Flandres, où les victoires de Fribourg et de Lens éternisent sa mémoire, lui furent des occasions d'apprendre encore des nouvelles certaines de la vaillante d'Ernecourt, et accrurent l'estime qu'il en avait déjà conçue. Le témoignage d'un Prince de cette trempe et de cette force est d'un merveilleux poids pour affermir et autoriser la réputation de notre Amazone.

Comme il s'est acquis dans nos jours tant de gloire, aussi est-ce un singulier honneur de recevoir des éloges de sa bouche. Les louanges données par des personnes louables ont un double éclat, et une splendeur extraordinaire.

Le Duc d'Angoulême, Prince sorti du sang de France par la branche de Valois, étant fils naturel du Roi Charles IX, a fait grand cas de Madame de Saint-Balmon, dans plusieurs rencontres. Jamais homme de sa condition n'eut plus d'esprit, ni de jugement. Sa longue expérience dans la guerre et dans les autres emplois dignes de sa naissance et de toutes ses excellentes qualités, le mettait en état de ne se pas tromper, quand il estimait une personne.

Le Roi Louis XIII lui a donné la charge de Général d'Armée en diverses conjonctures, et la Lorraine l'a vu plusieurs fois employé de la sorte. L'an 1635, le Cardinal de la Valette et le Duc de Weimar, ayant le sieur de Feuquières pour Lieutenant Général et le Vicomte de Turenne pour Maréchal de Camp, passèrent le Rhin, et poussèrent bien avant dans l'Allemagne Galas et le Comte Guillaume de Mansfeld, qui commandaient les troupes de la Maison d'Autriche. Ceux-ci enfin tournèrent la tête, et poursuivirent les nôtre sjusques aux portes de Metz.

Ils n'osèrent venir plus outre, craignant la rencontre de nos arrière-bans, qui avaient joint les armées du Comte de Soissons, du Duc d'Angoulême et du Maréchal de la Force. L'heureux succès qui était arrivé aux Impériaux dans cette route, ne les avait point tellement enflés, qu'ils ne fissent réflexion sur le mérite de nos Chefs, et sur la posture de nos gens de guerre : cette pensée les obligea de retourner promptement en leur pays, sans que la défaite d'une quantité de nos braves, et la mort des sieurs de Moüy, de Chuzac et de plusieurs autres hommes de marque, eussent assez de force pour les exciter à continuer leur pointe. La présence du Duc d'Angoulême, marchant à la tête de nos troupes si belles et si nombreuses, était capable de les épouvanter.

Ce Prince avait beaucoup de respect pour notre Amazone, qui se donna l'honneur de lui écrire, lorsqu'il était à Dugny, l'an 1643. Sa réponse fut des plus obligeantes. Les termes avec lesquels il exprimait ses sentiments, faisaient voir combien il l'honorait; mais les effets qui suivirent, et qui mirent ses promesses en exécution, valaient beaucoup mieux : tout ce qu'elle demanda lui fut accordé, et de la plus ravissante manière qu'on se puisse imaginer.

L'occasion suivante prouve encore ce que je dis. Elle visita un Gentilhomme, son parent et son ami, auprès de la maison duquel les coureurs de l'armée Française vinrent enlever ses troupeaux. Madame de Saint-Balmon, qui y séjournait alors, ne voulant pas abandonner son cousin, l'escorta de sa propre personne et de trois Cavaliers, qui étaient de son train. Les Français, se voyant pressés vivement, à coups d'arquebuse et de pistolet, s'enfuirent. L'un des hommes de l'Amazone, bien monté, courut après eux à bride abattue, avec tant de précipitation, qu'il tua d'un coup d'épée le premier qu'il rencontra. Cette action fut jugée téméraire, parce que Madame de Saint-Balmon avait déjà recous le bétail; et la considération que les agresseurs étaient au Roi de France, l'avait empêchée de les poursuivre. Elle appela même à haute voix le Cavalier qui se précipitait avec tant d'imprudence, lui commandant de ne pas avancer; mais il n'obéit pas.

Elle alla trouver aussitôt Monsieur d'Angoulême. A son arrivée dans le quartier du Roi, un Officier de l'armée, l'ayant reconnue, en répandit le bruit parmi les autres, qui la suivirent au nombre de plus de quatre cents, et l'accompagnèrent dans l'audience publique qui lui fut donnée. Ce Prince écouta attentivement le narré qu'elle lui fit de toute l'affaire, et témoigna beaucoup d'égards à son rapport et à ses mérites. Les Maréchaux de Camp et tous les Commandants qui parurent-là, firent bien voir le respect qu'ils avaient pour elle; quoique l'action de son Cavalier indiscret fût digne de réprimande, le crédit de la généreuse et sage Maîtresse adoucit les plus intéressés.

Elle obtint ensuite un garde pour le Château de son parent, afin qu'on n'y allât plus piller. « Pour moi, dit-elle, je ne demande « personne : il suffit que j'aie permission de « me défendre. » — « Je m'en vais faire publier une Ordonnance par toute l'armée, « répondit le Prince, qu'aucun Français ne « vous inquiète : vivez en repos de ce côté-« là. »

Il la voulut voir à cheval devant leur séparation, et l'assura de tout ce qui était en son pouvoir. Chacun admira les discours et la résolution de cette femme, son port majestueux et sa contenance égale, qui étaient les caractères d'une âme éclairée, forte et intrépide. Aussi était-elle de ces fort galantes personnes (1), qui savent admirablement le monde, et qui n'ont pas moins de politesse que d'habileté.

(1) Comme on dit *galant homme*.

CHAPITRE LII.

Suite du même sujet.

Les femmes illustres ont toujours eu une grande autorité dans l'Eglise et dans les Etats. Les Dames Romaines obtinrent, par leur crédit, de l'Empereur Constance, qu'il agréât que le Pape Liberius fût rétabli dans le Saint-Siége, et qu'il rentrât dans le même pouvoir dont il jouissait avant ses disgrâces. Nous lisons qu'il n'y a point eu de nations si fâcheuses et si barbares, ni même si opposées aux Chrétiens et aux Catholiques, que les femmes illustres n'aient enfin domptées et assujetties à la véritable Religion, Dieu se servant de leurs attraits et de leur adresse, pour procurer des adorateurs à sa Majesté Souveraine. Sainte Clotilde, Bourguignonne, a gagné par ce moyen les Français, attirant le Roi Clovis son mari à embrasser le Christianisme. Les Goths se joignirent aux Fidèles, dans l'Espagne, y étant invités par les pieuses intrigues d'Ingronde, Princesse de France. Les Lombards, dans l'Italie, se soumirent au suave joug de la Foi, à la sollicitation d'une Théodolinde, Bavaroise. Saint Grégoire le Grand, et Baronius après lui, attribuent la conversion du Royaume d'Angleterre à la Reine Aldiberge, qui y porta, par ses instances, le Roi son mari et ses Sujets. J'omets les Dames payennes qui ont bien fait valoir leur esprit et leur conduite dans les Empires et les Républiques, pour en obtenir ce qu'elles prétendaient, soit à l'avantage des peuples, ou des personnes particulières. Il suffit, pour revenir à mon propos, de renouveler la mémoire de la chaste et vaillante Judith, qui, après avoir tué Holopherne, a mérité que l'Ecriture dit que *Dieu a sauvé Israël par la main d'une femme.* On peut mettre au nombre de ces héroïnes celle dont j'écris maintenant l'histoire. Si elle n'a pas eu la qualité de Reine, elle en a eu la force et le mérite.

On ne saurait exprimer avec quelle attention les premières têtes de notre Armée considéraient l'Amazone Chrétienne, et quelle exactitude ils apportaient pour observer ses paroles et ses démarches. Sa conduite était tellement rare dans le sexe féminin, que, comme on n'en a vu presque jamais de semblable, aussi les curieux avaient-ils droit de l'examiner de près, afin de raconter les particularités de cette merveille à ceux qui n'en ont pas eu la vue.

Le Comte de Quincé, premier Maréchal de Camp, et quantité d'autres Officiers des plus apparents de notre Armée, ne se contentèrent pas de l'ouïr et de l'entretenir dans cette conjoncture : ils lui rendirent visite dans son Château de Neuville, où il y eut grande contestation à qui l'emporterait en respects et en civilités réciproques.

Madame de Saint-Balmon, quoique pieuse et guerrière, montra bien que la politesse et la bienséance ne lui manquaient point. Elle les reçut avec toute la magnificence et l'honnêteté possible. Ils admiraient l'ordre de sa maison et de ses domestiques : ils reconnurent par expérience de quelle façon merveilleuse elle joignait les règles d'une dévotion éminente avec les lois de l'exercice militaire.

Nos Capitaines n'eurent pas un moindre débat entr'eux, à qui serait le plus civil et le plus honnête à l'endroit de leur hôtesse. Ils croyaient ne pouvoir assez respecter celle qui, n'étant point de leur sexe, en possédait les plus louables perfections. Qu'un homme soit guerrier; qu'il paraisse dans les combats. qu'il expose sa vie à des périls mortels, c'est l'ordinaire; et celui qui tremblerait dans ces occasions, passerait pour un lâche. Qu'une femme s'applique à gouverner son ménage, à bien élever ses enfants, à prendre soin de la conservation de son mari, chacun lui donnera des louanges, parce qu'elle s'acquitte de son devoir. Mais, outre ces fonctions communes, qu'elle soit intrépide, et ne pâlisse jamais dans les dangers les plus effroyables; qu'elle dissipe les efforts des ennemis du public, l'épée et le pistolet à la main, qu'elle répande leur sang, qu'elle les mette en déroute et les étende roides morts, sur la terre, c'est un sujet d'étonnement qui, étant accompagné des pratiques d'une haute et solide piété, ne saurait être assez estimé.

Voilà pourquoi nos plus braves en étaient ravis, et s'efforçaient à l'envi de lui témoigner leurs respects dans sa propre maison. Nous devons observer que, depuis particulièrement qu'elle commença à être connue par ses combats, les gens de guerre la considérèrent. Le premier, selon les mémoires que l'on m'a fournis, fut en 1636. Nous n'avons point eu, depuis ce temps-là, d'homme de condition et de marque dans nos Armées, du côté de Champagne, de Bourgogne, de Lorraine, de Flandres, ni d'Allemagne, qui n'ait été témoin des actions militaires de Madame de Saint-Balmon.

Les Maréchaux de Guébriant, de Ranzau, de Gassion, de l'Hospital et de la Ferté-Seneterre sont de ce nombre, et une infinité d'autres. Les Gouverneurs de nos places frontières, de Metz, de Toul, de Verdun, de Châlons, de Mézières, de Nancy et de Bar-le-Duc, les Sieurs de Brassac, de Vaubecourt, de Bussy-la-Met, de Lenoncourt, d'Hocquincourt, de Fossez, de Feuquières, de Lambert, de Montalent, méritent d'être nommés, tant parce qu'ils ont su la vérité de ce fait, qu'à cause que leur témoignage ne laisse aucun doute.

Je pourrais citer plusieurs étrangers fort remarquables sur cette matière : les Généraux Piccolomini, de Fuentes, Francesco de Mello, Jean de Werth, de Bucquoy, Lamboy, Beck, Andrea Cantelmo, Philippes de Sylva, en ont pu parler, comme bien informés et dignes de créance.

CHAPITRE LIII.

Son entrée en Religion.

Il ne faut quelquefois qu'une complaisance aveugle, pour faire une haute fortune à la Cour des Princes de la terre. Il n'en va pas de même dans la Cour du Roi des Anges, qui demande un service raisonnable, éloigné de toute précipitation, et bien concerté, voulant être servi principalement en vérité, en esprit et de cœur, afin que ceux qui l'adorent soient des adorateurs véritables. Quoique la vie de

Madame de Saint-Balmon soit dans des agitations et des révolutions continuelles, elle n'a pourtant rien de précipité : tout y est réglé et dans l'ordre, puisque Dieu en est le Directeur, et que l'intention d'agréer à ses yeux divins en est le premier mobile.

En effet, la vie que je décris est une tissure de variétés qui, étant justes néanmoins et dignes de louanges, ne doivent pas être désagréables au Lecteur, à l'esprit duquel la diversité des matières sert de divertissement, comme la longue continuation d'un même sujet est souvent ennuyeuse.

Bien qu'il semble que je passe maintenant d'une extrémité à l'autre, sans toucher au milieu, représentant Madame de Saint-Balmon dans le dessein de se revêtir d'un sac et de se couvrir d'un voile, immédiatement après qu'elle a quitté la cuirasse et le corselet, je me persuade toutefois que le narré n'en est pas moins plaisant(1), parce qu'outre

(1) Pour *agréable, intéressant,* ainsi que le même mot est employé en d'autres passages de ce livre.

que le changement des beaux objets recrée les yeux de l'âme et ceux du corps, je ne vois pas un si grand éloignement entre ces deux états, vu que, selon la pensée de saint Ephrem, ce sont deux conditions vraiment militaires, qui diffèrent seulement en ce que les Soldats temporels combattent pour peu de temps, et n'ont pas toujours les armes à la main, au lieu que les spirituels n'ont jamais de relâche; mais ils font sans cesse la guerre à leurs passions déréglées, jusqu'à ce qu'ils sortent de cette vie.

Nous avons considéré notre Amazone depuis plusieurs années dans les exploits guerriers, jusqu'à en faire comparaison avec les plus braves; et nous tombons tout d'un coup sur le discours de son détachement du monde, et de son passage au cloître. Or, il n'y a point tant de différence que l'on s'imagine : car, si toute la vie humaine est *une milice sur la terre*, au dire de Job, cela est vrai particulièrement de la condition des Soldats et des Religieux.

J'avoue que la milice du cloître est douce,

agréable et heureuse, par la grâce de Dieu, qui remplit l'âme religieuse de ses bénédictions, pour la rendre maîtresse de ses mauvaises habitudes, et qui la fait triompher dès ce monde même, la comblant de toutes les faveurs célestes. C'est néanmoins un perpétuel combat contre les ennemis visibles et invisibles, que Madame de Saint-Balmon commença à entreprendre l'année 1659, malgré le sentiment de ses amis, qui tâchaient de l'en dissuader.

Durant que le comte de Harcourt assiégeait Turin, il se trouva, parmi les ennemis qui furent tués dans une sortie, un Cavalier dont le beau visage, quoique d'une personne morte, charma les spectateurs. Il était armé d'une cuirasse, sur un collet de buffle, et tenait encore un sabre en sa main gauche, et en sa droite la bride de son cheval mort. Dès que les Soldats l'eurent dépouillé, on reconnut que c'était une femme. Les prisonniers dirent qu'étant Flamande, et son mari Allemand, enrôlé dans le Régiment de Fiston, pour ne le pas abandonner et le défendre, elle le suivait partout, et combattait toujours à son côté. Cette valeur extraordinaire au sexe féminin méritait, ce semble, l'immortalité : cependant un coup de pistolet dans la tête lui ôta la vie en l'occasion présente.

Notre Amazone Chrétienne n'a pas trouvé le tombeau dans ses combats, par l'admirable disposition de la Providence de Dieu, qui la voulait tirer de ce monde et l'introduire dans le ciel d'une autre manière ; mais elle l'a cherchée dans le cloître, où elle prétendait s'ensevelir et s'anéantir, par la pratique des plus excellentes règles de la mortification. Dieu, néanmoins, qui désirait de sa ferveur qu'elle fît cette belle tentative, a bien témoigné, par le succès (1), qu'il ne l'appelait point à la profession religieuse.

Quand une âme n'omet rien, pour exécuter les saintes inspirations, qui pourtant ne sont pas accomplies et n'ont pas leur effet, c'est un signe que Dieu, se contentant de sa bonne

(1) Les *suites*, les *conséquences*. — Le P. Jean-Marie ne prend guère ce terme dans une autre acception.

volonté sur ce sujet, la destine ailleurs, pour y achever sa perfection. Elle ne laisse pas, néanmoins, d'être récompensée de sa bonne volonté, et des généreux efforts qu'elle a faits, pour parvenir à l'exécution de ce qu'elle croyait être conforme aux ordres de la souveraine Providence.

Barbe d'Ernecourt entra dans une maison religieuse, à dessein d'y faire et d'y observer les vœux solennels, et d'y demeurer jusqu'à la mort. Elle en sortit pourtant, par un coup du ciel, qui lui préparait de rudes croix après sa sortie, afin d'obtenir, par ce moyen, un plus haut degré de béatitude.

La gloire qu'elle avait acquise parmi les gens de bien et d'honneur, les faveurs qui lui étaient assurées de la part de plusieurs têtes couronnées, et particulièrement de l'incomparable Reine Anne d'Autriche, pour lors Régente en France, étaient de puissants motifs pour la retenir dans le monde. J'ajoute que l'avantage public et le soulagement des pauvres s'opposaient à sa retraite, et qu'ils devaient avoir la préférence. Elle y était pourtant résolue ; et on ne l'en put jamais empêcher. Sa délicatesse naturelle et ses maladies ordinaires étaient aussi de trop justes raisons pour l'en dissuader.

Incontinent après la mort de son mari, elle eût pris le parti d'entrer en Religion, sans la résistance d'une sienne cousine, qu'elle y voulait attirer, et qui l'en détourna, lui représentant tout ce que je viens d'alléguer.

J'avoue que, si elle m'avait demandé mon sentiment, touchant ce nouveau genre de vie, j'y aurais répugné aussi bien que les autres, à cause des services signalés qu'elle rendait à l'Eglise et aux peuples, pendant la guerre, dans la condition séculière. J'y aurais néanmoins consenti au temps qu'elle entreprit ce changement. Les hommes savants et pieux à qui elle se déclarait étaient d'avis qu'elle différât jusqu'après la conclusion de la paix. La voyant donc faite et conclue, et ne se jugeant plus nécessaire pour procurer la consolation des pauvres et des affligés, bref, le monde lui déplaisant extrêmement, et sa fille étant mariée, ses pensées se tournèrent entièrement du côté du cloître.

Elle choisit le couvent le plus austère et le plus régulier, pour y louer Dieu plus parfaitement et achever ses jours dans la pénitence, sous l'étendard de sainte Claire et du séraphique Patriarche saint François, dont elle avait déjà embrassé le Tiers-Ordre en l'état séculier. L'affaire fut sursise jusqu'à l'année 1659, où elle entra parmi les Religieuses de Sainte-Claire du Monastère de Bar-le-Duc, qui sont en estime d'être des plus exactes et des plus austères de notre siècle.

La crainte que plusieurs de ses amis ne missent opposition à son dessein, la faisait agir secrètement. Les personnes mêmes qui la devaient conduire en cette Maison, avaient ordre exprès de sa part de n'en rien découvrir. Elle partit la nuit du 19 de Mars, jour dédié à la Fête de saint Joseph, accompagnée de deux Demoiselles, ses confidentes. Un Gentilhomme son parent lui fit escorte jusqu'à Bar, avec grande répugnance. L'obligation qu'il lui avait de son éducation, dès sa plus tendre enfance, lui faisait regretter le départ de celle qu'il honorait comme sa mère. Mais l'obéissance qu'il croyait lui devoir, ne lui permettait pas de la contredire.

Elle régla ses affaires domestiques avec beaucoup de justice et de prudence. Tous ceux qui l'avaient servie eurent grand sujet de satisfaction, par les amples récompenses qu'ils en reçurent : ses amis eurent aussi des marques de son souvenir dans les libéralités qu'elle leur départit, sans rien déclarer de sa retraite. La substitution faite, avec toutes les formes requises, en faveur du fils aîné de sa fille, précéda pareillement son entrée au Monastère. Puis elle donna son cheval, ses pistolets et son épée au Gentilhomme qui l'escortait.

Dès le jour même de saint Joseph, la grande porte du Couvent lui étant ouverte, elle se jeta avec une ferveur admirable, au milieu des Religieuses ; et, ayant le visage contre terre, elle étendit les bras et dit d'une voix animée et pleine de contrition : *Je vous supplie, mes Révérendes Mères, de recevoir parmi vous cette pauvre et misérable pécheresse.*

CHAPITRE LIV.

Sa demeure en Religion, et son retour au monde.

L'ambition divise bientôt ceux qu'elle a unis. L'humilité tient une conduite directement opposée. Les ambitieux ne s'allient que pour favoriser réciproquement les desseins qu'ils ont de s'agrandir : et c'est la même raison qui les sépare, lorsque, l'un s'imaginant que l'agrandissement de son compagnon met obstacle au sien propre, ils débattent à qui sera le maître. Les humbles, au contraire, après s'être joints ensemble, pour s'encourager à la pratique de leur chère vertu, n'ont point de plus forte passion que de s'y perfectionner, et ils s'efforcent de s'humilier davantage : d'où naît entr'eux une parfaite intelligence, vu qu'alors ils renoncent entièrement à eux-mêmes. Madame de Saint-Balmon et ses deux compagnes étaient dans ce noble et vertueux débat, lequel fut admiré de tous ceux qui en eurent connaissance.

L'Abbesse, la voyant dans la posture d'humilité que nous avons décrite, la baisa et la releva; puis, les cérémonies ordinaires étant accomplies, elle fut agrégée à la Communauté avec les deux filles dont nous avons fait mention. On ne vit jamais une Novice plus fervente, ni plus exacte à garder les Règles de son Ordre. Les Religieuses bénissaient Dieu de cette réception d'une personne de qui ils espéraient l'exemple de toutes les vertus, l'appui et l'ornement de leur Maison.

Son âge néanmoins de cinquante et un an, sa gravelle et sa sciatique, et l'obligation de ne jamais manger de viande dans l'Ordre de Sainte-Claire, s'opposèrent à son pieux dessein. Ses maladies s'accrurent tellement par les austérités, que les Médecins conseillèrent aux Religieuses de la renvoyer à Neuville, pour essayer si le changement de nourriture ne pouvait pas rétablir sa santé. « Notre Règle est trop rigoureuse, lui dirent-elles, pour un corps délicat et déjà fort indisposé. Vous avez le mérite de la bonne volonté : contentez-vous, puisque Dieu en est satisfait. »

La Novice ne répondit que par la disposition de son visage, qui témoignait une aversion étrange de retourner au monde. Ses cris et ses lamentations fendaient les cœurs les plus durs et les plus insensibles, après qu'elle eut repris haleine, et fait réflexion sur sa douleur. Les Religieuses, de leur côté, faisaient un lamentable écho. Quelque résignée qu'elle fût à la volonté de Dieu, le désir de le servir dans la Religion jusqu'à la mort, l'emportait au-dessus des autres sentiments : « Il me veut, s'écriait-elle quelquefois, il me veut à son service. Ah ! pourquoi m'en veut-on tirer? »

On fit entrer des Jésuites à qui elle avait confiance, pour lui persuader la sortie du Monastère et le retour dans le monde. On la mit enfin dans un carrosse, et elle fut conduite avec honneur jusques en son Château, le 23 décembre 1659. Le regret de n'avoir pas fait la profession solennelle lui fut, le reste de ses jours, un grand sujet d'exercer la vertu, d'autant plus qu'elle avait de la répugnance à souffrir la privation d'un si parfait bonheur. Les discours que les mondains tenaient de ce changement, ne lui étant pas inconnus, la rendaient plus humble et plus exacte à servir Dieu, à qui elle se contentait d'être agréable, sans se soucier de plaire aux créatures, dont elle méprisait généreusement les railleries.

Ses infirmités corporelles la pressaient toujours plus vivement, à mesure qu'elle approchait de son terme, pour épurer son âme, comme l'or, dans la fournaise des souffrances, avant que de paraître devant le Tribunal du Souverain Juge. Les cinq mois qui s'écoulèrent, depuis qu'elle eut pris congé de ses chères sœurs, les Religieuses de Sainte-Claire, furent les derniers de sa vie, et pleins d'amertumes. Dieu le voulait ainsi, pour lui faire mériter les douceurs de la félicité céleste, et les lui rendre encore plus agréables, par l'opposition des douleurs de la terre.

Enfin la mort commença à frapper à sa porte, d'une manière non imprévue, quoique subite; et le redoublement de ses peines l'avertit de la proximité de sa fin. La rétention d'urine s'augmentant, lui causa des convulsions horribles, depuis deux heures après minuit jusqu'à cinq heures du soir, du jour qu'elle mourut. Sa ferveur éclatait dans les intervalles, par les paroles chrétiennes et dévotes qu'elle proférait : « Mon Dieu, s'écriait-elle d'une manière tranquille et vigoureuse, il faut toujours souffrir jusqu'à la mort : la Croix est la clef du Ciel, et l'entrée par laquelle Jésus-Christ lui-même en a pris possession. Je me soumets entièrement à vos ordres. »

CHAPITRE LV.

Sa mort et son enterrement.

La vie de Madame de Saint-Balmon avait

des circonstances d'honneur et de mérite, qui la rendaient digne d'immortalité. Il a fallu néanmoins qu'elle payât le tribut à la nature, et qu'étant née mortelle, elle souffrît la dissolution de son âme et de son corps, qui est indispensable.

Nous pouvons dire, toutefois, qu'en mourant elle commença à vivre, vu que sa mort fut la fin de ses peines et le commencement de sa béatitude. De plus, sa résignation parfaite à la volonté de Dieu, lui faisait trouver des douceurs parmi les amertumes de ses continuelles maladies, et du repos au milieu de ses travaux : admirable force, qui parut davantage aux approches de la mort, lorsque, ses infirmités ordinaires croissant, elle se montra plus fervente à louer Dieu et à pratiquer la patience.

« O mon Sauveur, s'écriait-elle quelque-« fois, je vous ai bien de l'obligation pour « les coups de fouet que me donne votre « main paternelle : je l'embrasse et je la « baise volontiers avec respect et soumission. « Vous me traitez trop doucement : je désire-

« rais qu'il vous plût décharger sur moi toutes « les rigueurs de votre justice. Comme vous « m'avez fortifiée autrefois par votre grâce, « afin que je secourusse les personnes affli- « gées, et les pauvres, de mes biens, de mes « conseils et de mon épée, vous voulez que « je souffre maintenant. Je m'en estime fort « heureuse. Ne m'épargnez point, ô mon « Dieu, je suis disposée à tout événement le « plus rude. Pourvu que je bénisse votre « Saint Nom à toute éternité, je suis con- « tente. »

Ces dévots sentiments lui faisaient regarder la mort non comme un supplice, mais comme un triomphe et un dégagement de servitude. Son génie naturel étant généreux, la grâce avait perfectionné sa générosité naturelle, qui éclatait davantage dans les angoisses de la mort. Ce cœur martial, dont elle avait fait voir tant de preuves dans les combats et dans les occasions de la guerre, persévéra jusqu'à la dernière agonie. Madame de Saint-Balmon, qui était toujours demeurée intrépide au milieu des mousquetades où elle a pensé périr tant de fois, envisageait la mort avec une constance dont la nature avait jeté les fondements, et que la grâce avait élevée à sa perfection. « Mourir, disait-elle avant « que la parole lui manquât, c'est devenir « impassible ; c'est, en vérité, secouer le « joug tyrannique de la mort et de l'infortune. « La délivrance de ces deux maux, qui ac- « cablent les hommes, est un double bien, « dont la possession les rend heureux à ja- « mais. Les plus grandes prospérités du « monde ne nous peuvent procurer cette fé- « licité. Au contraire, elle nous font plus « sensibles à ces deux malheurs, et nous ré- « duisent dans un étrange esclavage. »

Notre Amazone Chrétienne conserva son intrépidité jusqu'au dernier soupir ; et, quoique l'esprit de contrition et d'humilité lui fît appréhender les jugements de Dieu, qui juge les justices, la confiance qu'elle avait aux mérites du sang de Jésus-Christ, la tenait toujours dans le calme. Son cœur devenait plus vigoureux dans l'accroissement de ses infirmités corporelles, malgré les traverses qu'elle savait lui être suscitées par les envieux de sa vertu.

Madame de Saint-Balmon n'ayant pas été moins libérale que généreuse durant toute sa vie, et jusqu'à sa mort, si elle n'a point fait de testament, ç'a été par un principe de haute vertu. Bien que les testateurs soient louables de se souvenir, en mourant, des pauvres, qui sont les enfants de Jésus-Christ, et de l'Église, qui est son Épouse, toutefois ils méritent beaucoup plus de louanges d'exercer leurs pieuses libéralités, lorsque, s'en pouvant servir, ils s'en privent pour l'amour de Dieu. Il est aisé de donner ce qu'on ne peut plus posséder. S'arracher le pain de la bouche, pour le distribuer aux mendiants, lorsqu'on le peut manger, c'est la perfection de la charité. Il vaut mieux tard que jamais : si on n'a pas assisté les indigents, quand on vivait, il faut réparer cette dureté, par le testament, devant que la vie nous soit ôtée; mais de comparer cette largesse testamentaire à celles qui se pratiquent chez les personnes vivantes, il n'y a pas de raison.

Ces deux distributions sont bien différentes.

Saint Chrysostome les décrit admirablement : *Si vous n'avez pas repû Jésus-Christ durant votre vie*, dit-il, *au moins faites-le, quand vous serez proche de rendre compte au Tribunal du Souverain Juge, sans plus espérer l'usage des biens dont vous jouissez. Si vous eussiez été libéral envers Dieu long-temps auparavant que de mourir, c'était un plus grand signe d'amour; et vous seriez digne d'une plus ample récompense. Mais suppléez à ce défaut par le testament : faites participer à votre succession, comme cohéritier de vos enfants, Celui qui est leur Père et le vôtre, savoir Jésus-Christ, qui désire de partager avec vous le Royaume des Cieux. Mettez-le, pour le moins, au rang de vos serviteurs, à qui vous laissez une partie de vos trésors en les quittant.*

Ces paroles justifient la conduite de Madame de Saint-Balmon, dont les revenus étaient le patrimoine des pauvres, tandis qu'elle a vécu. Sa prospérité, au milieu des alarmes de la guerre, s'étendait sur ses voisins, et sur tous les passants qui avaient besoin de son assistance. Elle conservait ses terres, non pour s'enrichir durant que les autres s'appauvrissaient, mais pour répandre de sa plénitude sur les indigents, s'épuisant, en quelque sorte, pour les combler. Bien qu'elle fût satisfaite de voir, en mourant, ses mains presque vides, après avoir été les canaux de tant de pieuses largesses, elle a néanmoins, sans faire de testament, donné encore en cette extrémité des marques de sa charité envers les pauvres, les Eglises et les Monastères. Comme donc sa vie a été généreuse, dévote et charitable, sa mort a été précieuse devant Dieu et devant les hommes.

Elle expira le 22 de Mai, veille de la Trinité, l'an 1660, à l'âge de 52 années et 6 jours. On la revêtit aussitôt de son habit du Tiers-Ordre de saint François, institué pour les séculiers, duquel elle avait fidèlement observé les règles.

Son corps demeura exposé, et son visage découvert, jusqu'à l'enterrement, avec l'admiration des spectateurs qui ne l'auraient pas jugée morte, s'ils n'en avaient été persuadés d'ailleurs, tant elle était fraîche et vermeille. Tout ce que la mort a d'affreux ne lui ôtait rien de cette Majesté douce et aimable qui parut toujours sur son visage durant sa vie.

Ses os reposent avec ceux de son mari, dans l'Église Paroissiale de Neuville-en-Verdunois, où elle fut enterrée avec toutes les solennités possibles, au milieu des regrets et des gémissements de la Province, qui se voyait privée des secours d'une personne de cette importance. Son exactitude et sa dévotion à recevoir les Sacrements persévérèrent jusqu'à la fin de sa vie. Le Prieur-Curé de la Paroisse les lui administra en présence des plus proches parents de la *Dame* et de ses habitants, qui fondaient en larmes pour une perte si notable. Quoiqu'elle eût un cœur si généreux et si plein de bonté pour reconnaître tous ceux qui l'obligeaient, elle témoigna néanmoins une bienveillance particulière à ceux qui l'avaient traversée : les maximes de l'Evangile avaient pris de profondes racines en son âme : la dilection des ennemis lui était recommandable entre les autres, après l'exemple du Fils de Dieu et l'ordonnance expresse qu'il en a faite. Aussi ne manqua-t-elle pas d'en produire des actes signalés pendant toute sa vie, et dans les moments de son départ de ce monde.

CHAPITRE LVI.

Copie d'une Lettre écrite par notre Amazone à son Directeur, qui lui avait ordonné de l'informer de la vérité d'une affaire de conséquence, où elle donna d'évidentes preuves de son génie pieux et guerrier tout ensemble.

Les Peintres s'étudient principalement à attraper cet air qui est nécessaire, pour faire des portraits bien ressemblants. Sans cette heureuse rencontre, les visages qu'ils peignent, peuvent être estimés pour des pièces d'une bonne main, qui pourtant ne représentent pas assez la personne, si les règles de la portraiture n'y sont observées : observation qui n'est pas commune à tous les ouvriers qui manient le pinceau, si, outre l'art de la peinture, ils n'ont encore l'industrie de portraire.

La disposition de l'âme est beaucoup plus difficile à exprimer : les plus habiles Historiens s'y trouvent empêchés, quand il est question de donner aux Lecteurs une véritable connaissance du fond de l'esprit des Héros ou des Héroïnes qui font le principal sujet de leur histoire. A dire vrai, il n'y a que ces mêmes personnes de qui l'on raconte les faits qui soient capables de se bien dépeindre.

C'est pourquoi les Historiographes sont heureux, lorsqu'on leur produit des lettres où ceux dont ils décrivent la vie, se font connaître au public par leurs propres termes, qui développent leurs secrets les plus cachés, et manifestent leurs inclinations les plus délicates.

J'aurais donc commis une faute, si je n'avais pas communiqué au public la Lettre qui suit, où Madame de Saint-Balmon fait une ample et sincère déclaration de son caractère de vaillance et de piété, pour obéir simplement au Directeur de sa conscience, qui l'y obligea par commandement exprès. C'est une fidèle copie, où ma plume n'a aucune part, sinon de l'avoir faite entièrement conforme à l'original, sans y rien changer, non pas même une syllabe.

Par obéissance.

Je me serois contentée de vous envoyer le Livre que les Pères de Benoistevaux ont fait imprimer, pour satisfaire au dessein que vous avez d'en savoir l'histoire, s'ils l'avoient écrite véritablement, comme elle est. Mais la faute vient de ne me l'avoir pas demandée, ou pour l'avoir voulu décrire trop succinctement. La vérité est donc que l'an 1638, *je fus querir l'Image de Nôtre-Dame de Benoistevaux ; et cette affaire se passa comme je vous la vay dépeindre.*

Les saintes pensées sont bonnes en tous lieux, et en tout temps, et on peut dans les plus grandes joyes aussi bien songer à Dieu que dans les afflictions et dans les tracas du monde, de même que dans les lieux les plus austères.

Estant un jour à disner avec ma petite famille, et parlant du désastre où je voyois réduit tout mon voisinage, et déplorant la ruine d'un lieu nommé les Anglecours, qui dépend de l'Abbaye de Lisle, dans lequel lieu il y avoit une Chapelle dédiée à ma Patronne sainte Barbe, auparavant la guerre bien ornée et accommodée, et où il y avait de ses Reliques ; un Aumosnier, que j'avois en ce temps-là, nommé Dominique Noël, qui avoit esté Curé de Rambusin, me dit que c'étoit un plus grand dommage d'une Image de Nostre-Dame, qui étoit à Benoistevaux, et qui avoit autrefois fait de grands miracles, et que même il y avoit encore dans la Chapelle des Crosses de ceux qui y avoient receu guérison.

Moy qui ne suis pas d'humeur à croire légèrement les miracles, je luy fis réponse qu'il estoit facile aux mendians de contrefaire les boiteux pour avoir l'aumosne, et feindre par apres d'estre guéris, quand ils verroient que cet artifice ne leur estoit plus profitable ; bref, je luy dis que s'il n'avoit point d'autres raisons pour me persuader les merveilles de cette Image, celles-là n'y estoient pas suffisantes : il me protesta qu'il avoit veu dans son lieu mesme de Rambusin des enfants morts nez qui avoient receu Baptesme estant portez à Benoistevaux.

Cela me toucha sensiblement et me donna une forte envie d'aller querir cette Image, qui estoit en ce lieu abandonnée, et en danger d'estre rompue et gastée par les voleurs, qui y faisoient ordinairement leur retraite. Quoy que ce dessein me semblât pieux, il me vint une apprehension de choquer les bons Religieux de S. Norbert, à qui ce lieu de Benoistevaux appartient. Ce ne fut pas un petit combat dans mon esprit ; car j'avois une puissante envie d'avoir cette Image, pour la mettre en un lieu plus décent : d'autre part je craignois que mon zèle ne fût jugé téméraire, et que je n'offensasse ces bons

Religieux, avec qui j'avois eu auparavant quelque petite affaire à démesler.

Je fus quelques jours dans cette perplexité, jusques à ce que je fis un voyage à Verdun, pour prendre conseil d'un Chanoine de Nostre-Dame de Verdun, nommé Monsieur Chenet, grand homme de bien, et celuy-là mesme qui obligea la Reine Régente, lors qu'elle passa à Verdun, de se mettre des Confrairies de saint Joseph et saint Isidore, en luy asseurant que Dieu luy donneroit des enfants, comme les effets s'en sont ensuivis. Ce bon Chanoine n'approuva pas seulement mon dessein ; mais il m'y poussa avec tant d'ardeur, et me le persuada avec tant de zèle, que je ne pouvois attendre à estre de retour pour l'exécuter : et comme c'estoit un homme fort zélé au service de Dieu, ses paroles estoient animées de mesme. Celles qu'il me dit sur ce sujet estoient telles, que si je rendois ce service à la sainte Vierge, ce seroit le bonheur de ma maison, et un préjugé que je devois tirer de mon salut, et qu'ayant mis cette Image dans ma Chapelle, je luy pouvois dire avec raison : Grande Vierge, puisque je vous loge, et que j'ay eu soin de vous, c'est la raison que vous me protégiez, et que vous conserviez tout ce qui m'appartient, et qu'un jour je sois logée de vous pour l'éternité : et puis que vous récompensez si libéralement tous ceux qui vous rendent quelque petit service, que ne dois-je pas attendre de vous pour le soin que j'ay eu de vostre Image ?

Quoy que je jugeasse bien que ces paroles qu'il pro-

feroit, venoient plutost du grand zèle qu'il avoit de la gloire de Dieu et de la sainte Vierge, que non pas que ce petit service méritât tant de récompense, ce discours ne laissa pas de faire un grand effet sur mon esprit, puis que dès le lendemain que je fus de retour, qui fut le 24 juin, Feste de saint Pierre 1638, *après avoir communié avec la pluspart de mes domestiques, qui estoient au nombre de trente, ou environ, je sortis de ma maison de Neuville à pied, distante d'une lieuë de Benoistevaux, pour aller accomplir ce pieux dessein. Quelques Gentishommes et Demoiselles réfugiez dans mon Village, se joignirent à nous ; mon Aumosnier nous conduisit, comme le Pasteur ses brebis.*

Pendant le chemin nous estions dans un profond silence, et sembloit que toute la troupe ressentist les agitations que j'avois dans l'âme. J'avois de puissantes apprehensions que mon action ne fût pas agréable à Dieu, ny à la sainte Vierge, et qu'il me pouvoit punir, et que tout le monde se mocqueroit de ma dévotion, et que je devois croire que si Dieu et la sainte Vierge eussent voulu que l'on ostât cette Image de ce lieu, il y en avoit d'autres plus propres que moy, pour accomplir ce dessein. Que les Religieux mesmes l'auroient bien fait, s'ils eussent jugé que cette action eût esté aussi bonne que je me l'imaginois, et qu'il n'y alloit rien en cette affaire de la gloire de Dieu, plutost qu'il y avoit apparence que c'estoit une tentation diabolique, qui me poussoit à faire un sacrilége. Que l'Image que j'allois querir, estoit encore entière dans sa Chapelle, et que la Vierge estoit assez puissante pour la conserver, sans que j'en prisse le soin, et sans doute que si ces combats me fussent arrivez devant que partir du logis, je n'aurois passé plus outre.

Ces pénibles pensées me durèrent jusqu'à ce que nous arrivâsmes à Benoistevaux, où estant dans la Chapelle nous la trouvasmes pleines d'ordures, profanée comme un lieu qui n'estoit habité que de voleurs. Les immondices que j'y vis, qui n'estoient pas en petite quantité, me donnèrent une certaine opinion que mon action estoit bonne, et que je ne faisois point mal, puis que j'aurois peine de demeurer en ce lieu, que j'en devois tirer l'Image de ma bonne Maistresse. Dans la crainte et l'espoir nous nous mismes tous à genoux, et commençasmes à chanter quelques Hymnes à son honneur; et après avoir chanté celle du Saint-Esprit, je dis à mon Aumosnier de monter sur l'Autel pour prendre l'Image: mais l'un de mes Gentishommes, plus prompt que je ne l'eusse désiré, monta le premier sur l'Autel. Après avoir essayé en vain à remuer l'Image, il me regarda et me dit tout épouvanté : Madame, il est impossible d'oster cette Image. Je vous laisse à penser si ce fut pour confirmer tous les doutes que j'avois eu le long du chemin. C'estoit le moindre rebut que j'en attendois, et je trouvay que le Ciel me traitoit encore trop doucement, ne m'envoyant pas une plus grande punition. Toutefois reprenant un peu de cœur, je dis de nouveau à mon Aumosnier de monter sur l'Autel, et que peut-estre l'Image se laisseroit plutost aller entre ses mains qu'en celles d'un autre : ce qu'il fit, et en effet l'Image vint sans aucune peine.

Et comme nous n'estions pas des faiseurs de miracles, nous dismes tous que c'estoit sans doute la maladresse de l'autre, et qu'il ne l'avoit pas prise assez bas. Je vous laisse à juger la joye et le contentement que nous eusmes, et moy particulièrement, me voyant en possession de ce grand thrésor que nous estions allé querir sans armes aucunes que nos Chapellets, dans un désert, au milieu des bois, où les Cravates de bois et voleurs estoient ordinairement, et avec lesquels j'estois tous les jours aux mains; joint que de mon ordinaire je ne sortois jamais de mon Village sans armes, et sans être bien montée.

Quand nous eusmes mis bas cette Image, nous nous trouvasmes empeschez; car nous n'avions rien propre pour la porter, de sorte qu'il fallut aller au bois pour y couper deux forts bastons, et emprunter une nappe à une vieille femme, qui, par hazard, se trouva dans ce lieu, et estant estendue et nouée par les bouts, nous posasmes l'Image au milieu. Elle est de pierre fort massive, de la hauteur d'un enfant de cinq ans. Un Gentilhomme de mes voisins, nommé Monsieur de Longchamps, de petite taille, et plus propre pour revenir à la mienne, et moy prismes la sainte Image, que nous portasmes avec les deux bastons sur nos épaules, plus contents d'avoir ce riche gage, que d'avoir gagné tous les Empires du monde.

En cet équipage nous sortismes de la Chapelle, et mon Aumosnier entonna le Te Deum, qui fut chanté de tous les autres. Par après le long du chemin nous chantasmes les Hymnes de la sainte Vierge : mais ce ne fut pas sans soulager à la porter; car elle estoit fort pesante. Je ne voulus pourtant qu'elle fust portée de personne, qui ne fût Ecclésiastique ou de condition. Le pauvre sexe féminin, à cause de sa foiblesse, ne put avoir cet honneur. Tous les Gentishommes offrirent à l'envy leurs épaules sous ce doux joug.

Il y en eut un, de qui la dévotion et piété est à remarquer; il s'appelait le sieur de Louvion : il la porta durant une demie lieuë, sans vouloir souffrir que personne lui aydast, quoy qu'il eût une grande fluxion sur l'épaule, qui le tourmentoit avec une douleur continuelle, et d'ailleurs fort incommodé de sa santé : mais dans la confiance qu'il avoit d'être secouru de cette grande Reine, rien ne lui sembloit impossible.

Monsieur Nicolas Varrin, Prieur de Saint-Hilaire et Curé de Neuville, vint au-devant de nous en Procession avec la plus grande partie de mes sujets, et nous ayans joints ils chantèrent de nouveaux Cantiques en l'honneur de la sainte Vierge, jusques à l'Eglise Parochiale, où estant arrivez nous posasmes sur le Maître Autel l'Image : par après on chanta les Vespres, à la fin desquelles je demanday à Monsieur nostre Prieur s'il vouloit que l'Image demeurast à l'Eglise, et s'il en vouloit avoir le soin : il me répondit que non, et qu'il n'en vouloit avoir aucune charge. Il fut sans doute touché de la mesme crainte que j'avois, d'en être recherché.

La possession m'ayant renduë plus hardie, je luy dis que je la mettrois à la Chapelle du Chasteau, et que si elle périssoit je perirois avec elle. Tellement que j'ay gardé chez moi cette faveur du Ciel depuis le jour de Saint-Pierre et Saint-Paul 1638, *jusqu'au jour de l'Annonciation Nostre-Dame* 1641, *auquel temps on parloit des miracles qui se faisoient à Benoistevaux ; et voyant continuellement tous les Pèlerins qui ne se contentans pas d'y avoir esté, venoient encore à la foule chez moy, pour voir la sainte Image, je me résolus de la rendre aux bons Pères, qui y estoient venus faire leur demeure depuis peu de temps, pour ayder à la dévotion du peuple, qui y accouroit de tous costés, comme il se peut voir par un Livre qu'ils ont imprimé tout nouvellement, intitulé : l'Histoire de Nostre-Dame de Benoistevaux. Mais auparavant de vous dépeindre et décrire comme je la reconduisis, je croy estre obligée de vous dire les faveurs et les grâces que j'ay receues de ma bonne Maistresse, pour ces petits services que je luy ay rendus.*

Evénemens remarquables arrivez à Neuville, pendant que l'Image de Nostre-Dame de Benoistevaux estoit dans la Chapelle du Chasteau.

Lès bons Pères de Saint Norbert du Couvent de Saint Paul à Verdun, environ trois sepmaines après que j'eus la sainte Image chez moy, vinrent à Neuville pour y partager le tiers des dixmes qu'ils ont en mon Village. Je leur representay que si j'avois pris leur Image, ce n'estoit pas pour me l'approprier, mais seulement pour la tirer hors des dangers où elle estoit exposée dans Benoistevaux, et qu'elle estoit en plus grande asseurance dans ma Chapelle, puis que l'on y célébroit tous les jours la sainte Messe, et que tous les soirs on y disoit les Litanies devant elle.

Cela leur osta sans doute tout de plein la mauvaise opinion qu'on leur avoit donnée de moy et de mon action, qui fut désapprouvée de quantité de personnes, mais non pas des gens de bien ny de condition. Le jour de la Magdelaine ensuivant, tomba une si furieuse gresle, suivie d'une si grande tempeste, qu'il n'y a personne dans le païs qui se souvienne d'en avoir veu une pareille : tous les grains furent gastez et perdus et battus dans les champs en un tel désordre, qu'il y en eut plus d'un tiers de perdu. Je voyois tomber la gresle dans ma court, et des greslons gros comme des œufs de pigeon; sans avoir aucun sentiment de la perte dont cette tempeste me menaçoit, comme si j'eusse déjà esté asseurée du bonheur d'en estre exempte.

Quelques-uns des principaux de mes sujets vinrent tous affligez pour me compter le désordre que ce mauvais temps avoit fait, et voyant que j'en avois l'esprit tout consolé, me dirent que j'avois raison de n'en estre pas en peine, puisque rien de ce qui m'appartenoit n'estoit gasté, et que mesme la contrée qui m'estoit écheuë pour ma dixme, estoit entièrement conservée. On vit au bout de trois sepmaines les champs tous verds de bled, qui avoit déjà poussé, c'est-à-dire de celuy qui estoit tombé par la tempeste. Je vous laisse à juger si j'avois soin de remercier ma bonne Maistresse, de qui je tenois avoir receu ce signalé bien-fait. Tous ceux de mon Village, et la plupart de mes voisins sont témoins de cette vérité.

Autre événement remarquable.

Ma dévotion s'accrût de plus en plus envers cette sainte Image, tellement que dans mes plus grandes nécessitez et affaires j'avois recours à elle, et croyois mesme avec grande raison, que ce fût par la faveur de la sainte Vierge, que j'eschapay de la défaite que je fis à Oinville, où je fus en grand péril, comme encore il se peut voir par les cicatrices des heureuses blessures que j'y receus. Car le soir avant que partir je fis mes prières devant la sainte Image, et m'estois mise sous sa protection.

L'événement de quoy je vous veux parler, c'est de la femme d'un serrurier qui demeure dans Neuville, laquelle estant en travail d'enfant, qui estoit mort dans son ventre, je la fus voir au sortir de Vespres du Dimanche, ou d'une autre Feste, et luy donnay quantité de Reliques et autres dévotions propres pour assister nostre chétif sexe dans telles agonies, et dont plusieurs en reçoivent du soulagement ; toutes fois celle-cy n'en eut aucun. Le lendemain, environ les huit heures du matin, on me vint dire que cette femme estoit en grand danger de mourir, et n'attendoit-on que l'heure ; ce qui m'obligea de l'aller voir.

Premièrement je m'adressay à cette sainte Image, et après avoir imploré l'ayde de celle qu'elle me représentoit, je m'en allay voir cette pauvre affligée, où d'abord je demanday à la sage-femme, en présence de beaucoup d'autres, comme se portoit cette femme: Elle me répondit, comme il plaist à Dieu, et me convia de voir en l'estat qu'elle estoit : ce que je fis avec horreur, puis m'approchant de la mère, je luy dis : Bonne femme, vous voyez que tout le secours humain vous manque, et qu'il est impossible que vous soyez délivrée, sans l'assistance de la sainte Vierge ; ne voulez-vous pas luy promettre de luy faire célébrer quelques Messes devant son

Image, qui est à ma Chapelle, et de vous vouër le reste de vos jours à son service. Ayez confiance à elle.

Cette pauvre femme, qui sentoit le péril où elle estoit, remplie d'un grand zèle, fit son vœu, et incontinent elle fut délivrée. Toutes ces particularitez sont très-véritables, et les ay veuës comme je les décrits icy.

Récit comme je reconduisis l'Image de Nostre-Dame de Benoistevaux.

Ce qui m'a obligée de reporter ce doux sujet de ma consolation a esté le bruit des grands miracles qui se faisoient journellement à Benoistevaux : j'en avois averty les bons Religieux de saint Norbert de Lestang, et en écrivis au Père Simeon, Prieur, homme de bien et de probité, et en un mot vray Israëlite. Ce n'est pas que je ne croye tous les Religieux gens de bien ; mais il y en a qui ont les degrez de vertu plus éminens les uns que les autres, de mesme que les bien-heureux dans le Paradis, dont les uns sont plus relevez en gloire que les autres. Ce bon Père donc vint à Benoistevaux accompagné d'un autre Religieux, pour en reconnoistre la vérité; et en peu de temps le concours du monde y fut si grand, que tous les Villages y venoient en Procession, dont la plus grande partie ne manquoit pas de venir à ma Chapelle.

Ce qui me fit d'autant plus résoudre à reconduire ce

cher gage où je l'avois pris. Si bien que l'année 1641, *le jour de l'Annonciation Nostre-Dame, je tins la parole que j'avois donnée moy-mesme de la reconduire, quoy qu'il fist une pluye et un vent très fascheux. Mon dessein estoit bien de la reconduire le matin ; mais le mauvais temps me fit retarder à l'apresdinée.*

Et voyant que c'estoit la volonté de Dieu, que nous recevions cette incommodité en nostre pieuse action, je fis atteler mon carrosse, et par une bonne inspiration que Dieu m'envoya, je fis mettre dans iceluy un gros lit de plume, pour y poser la sainte Image dessus : et si cela n'eust esté, elle estoit en grand danger d'estre rompuë, en passant dans le bois, qui est fort fascheux pour un carrosse, et qui le fit verser tout ce que dessus dessous, de sorte que si le lit n'eust esté dans le carrosse, l'Image eust esté rompuë.

Je vous avouë que j'eus bien de la peine à me deffaire de ce thrésor ; mais je crus qu'il falloit que je préférasse à mon contentement l'utilité d'autruy. J'avois fait armer tous mes païsans, que j'ay aguerris par la longue habitude de faire la guerre aux Cravates de bois, et aux ennemis de nos poules et de nos vaches. Un Gentilhomme des miens nommé le sieur de Monhul les conduisoit le tambour battant : suivoit après Monsieur nostre Curé, Prieur de Saint-Hilaire, assisté de mon Aumosnier. Monsieur des Armoises d'Aunoy mon cher cousin y estoit aussi, qui malgré ses gouttes alloit à pied, et à son ordinaire ne peut aller dans sa maison qu'avec un baston : nous le regardions tous avec estonnement.

J'estois aussi à pied à la suite de l'Image de ma bonne Maistresse avec quantité de Dames de mes parentes, deux desquelles estoient filles dudit sieur des Armoises : toutes mes autres filles et Gentishommes estoient aussi à pied; et je ne voulus pas permettre qu'on menast un seul cheval. Je vous avouë que j'avois grande pitié de voir une grande partie de ces pauvres Dames, qui portoient leurs souliers à leurs mains au lieu de bastons, et leurs bas estoient devenus gamaches (1), *pour avoir usé la semelle dans la bouë et la fange pendant le chemin. Les bons pères de Benoistevaux pensèrent estre surpris, ne se pouvans imaginer que nous viendrions par un si fascheux temps. De vous dire la joye qu'il eurent de r'avoir l'Image de leur chère Reine, je suis incapable d'en rien dire; je laisse aux Anges d'en parler, comme en estant plus capables que moy ; et ce seroit une témérité à un foible esprit comme le mien de l'entreprendre.*

Je diray seulement qu'ils nous firent des honneurs et des remerciemens que j'avois honte de recevoir, pour le peu de service que je croyois avoir fait. Ils ont composé un Livre où l'on peut voir tout ce s'est passé depuis ce temps-là dans ce saint lieu. J'oubliois à vous dire seu-

(1) C'est-à-dire étaient devenus guêtres. *Gamache* (de *gamacha*, qui, dans la basse latinité, signifie guêtre) n'a jamais été employé comme adjectif.

lement que lorsqu'on fut prest d'enlever l'Image de ma Chapelle, je me tournay vers tous ceux qui estoient présens, et leur dis, qu'il estoit vray que nous perdions un grand thrésor que cette sainte Image de Nostre-Dame la sacrée Mère de Jésus; mais que pour cela nous ne perdions rien de l'affection que nous luy avions tousjours portée; et nous avions cette consolation qui nous restoit, qu'elle demeureroit tousjours au plus profond de nos cœurs, sans qu'elle en puisse jamais estre effacée ny arrachée.

Voilà, mon très-cher Père, ce que vous avez désiré de moy. Un autre que vous n'auroit pas eu ce pouvoir, pour trois raisons : La première vient de la connoissance que j'ay de mon insuffisance, et pour estre incapable de décrire une histoire dont les bonnes âmes seules sont dignes. La seconde, c'est d'une paresse que j'ay assez naturelle à faire de pareilles occupations. La troisième, des continuelles affaires qui m'accablent, et ne me donnent presque pas une heure de loisir, vous protestant que c'est en temps dérobé, et à plusieurs fois, qu'il a fallu que je fisse écrire ce mémoire. S'il y a de la faute, vous ne vous en devez point estonner, puis que c'est tout dire en avoüant que c'est une femme qui l'a fait, mais pourtant:

Vostre très-humble et très-obéïssante fille et servante B. d'Ernecourt, de Saint-Balmon.

Le narré que j'ai fait en abrégé des actions de notre Amazone n'a pas dû empêcher que je ne misse à la fin de cette histoire cette pièce autheutique, avec les propres termes de la personne qui l'a dressée, parce que, comme cette Lettre est un acte qui déclare hautement son génie de guerre et de dévotion, il ne fallait pas l'oublier, puisque nous y voyons des preuves les plus évidentes de sa vertu et de sa générosité, toute belliqueuse et toute chrétienne. On ne distingue jamais mieux les visages, que dans les originaux; on ne prouve jamais plus fortement une vérité, que par les manuscrits qui nous font remonter jusqu'à son origine.

CHAPITRE LVII.

Conclusion de cette Histoire.

Les actions sont estimées rares, ou pour leur excellence et grandeur extraordinaire, ou parce que, la cause qui les produit ne semblant pas y avoir aucune disposition, chacun regarde ces événements comme des prodiges. L'éloignement, et même la contrariété que l'on s'imagine entre le sexe féminin et l'exercice des armes, le petit nombre des Dames qui s'y sont appliquées, la splendeur et la force de leurs exploits nous empêchent souvent de les croire, quand nous prenons pour une fable tout ce qui n'est pas conforme à notre caprice.

Madame de Saint-Balmon était une femme, il est vrai, mais une femme qui, sans violer les lois de la bienséance, a fait des actions merveilleuses. Plusieurs personnes de science, de vertu et d'autorité, qui l'ont vue, ont admiré sa conduite, et n'y ont rien trouvé à redire : entrons volontiers dans leurs sentiments, et concluons cette histoire en observant deux choses pour le profit de nos âmes. L'une est pieuse, c'est la dévotion de Barbe d'Ernecourt envers la sainte Vierge ; l'autre est naturelle et divine tout ensemble, savoir ce noble courage que la nature lui avait donné, et dont la grâce a merveilleusement accru la Noblesse, lui faisant employer cette force en des sujets religieux et charitables.

La figure de la Mère de Dieu, que cette Dame vertueuse et guerrière considère attentivement, étant à cheval et en posture de combattre, dans l'Image qui avait tant de vogue parmi les peuples, et dont les marchands ont fait longtemps un si grand débit, cette dévote figure allumait autrefois, dans le cœur de l'Amazone Chrétienne, une ardeur admirable pour la défense des Autels et pour le soulagement des pauvres. Comme la Reine des Anges est la Médiatrice de la Paix, elle est aussi le bras et le secours de ceux qui s'arment pour apaiser les troubles de la guerre, et pour procurer le repos des peuples.

Anciennement les Rhodiens vénéraient, sur le Mont Philerme, le Tableau miraculeux de la Vierge, qui fut apporté à Rhodes, quand les Chevaliers de Saint-Jean de Jérusalem y résidaient, et qui, après que Soliman eut pris Rhodes, fut porté à Malte, où il est encore honoré dans l'Eglise de Saint-Jean-Baptiste. Rhodes et Malte et leurs habitants se sont toujours tenus en sûreté, depuis qu'ils se sont mis sous la protection de la Reine des Anges, et ils ont cru n'avoir rien à craindre, tandis que son Image serait au milieu d'eux.

Je me persuade que la pieuse Saint-Balmon avait cette vue, quand elle alla prendre l'Image de Notre-Dame de Benoîtevaux, dans l'Eglise où les anciens l'avaient placée, pour l'apporter, comme nous avons déjà dit, dans la Chapelle de son Château de Neuville ; La sainte Vierge opérait des merveilles partout : à Benoîtevaux et à Neuville ; elle était la Protectrice de tous les lieux où elle se trouvait, et les Pèlerins qui lui allaient rendre leurs vénérations, en recevaient de grandes assistances.

Cette première observation nous oblige d'imiter Barbe d'Ernecourt, nous adressant, comme elle, en temps de paix et de guerre, à la sainte Vierge, afin qu'elle nous obtienne, par ses intercessions, la grâce de faire bon usage de la paix, l'employant à nous affermir dans le service de Dieu, et de faire aussi bon usage de la guerre, par la patience et la charité. Oui, par la patience, qui nous fait souffrir constamment les misères d'une saison de trouble et de tumulte ; par la charité, qui nous fait compatir aux inquiétudes du prochain, dans une conjoncture si lamentable.

La seconde observation concerne le courage martial de l'Amazone chrétienne. Elle s'en est servie pour s'opposer aux adversaires de Dieu et de l'Eglise, non-seulement pour secourir ses amis, ses voisins et ses vasseaux dans leurs besoins, mais encore pour se dompter elle-même, en pardonnant généreusement à ses ennemis.

Quoique sa vie soit un théâtre où toutes les vertus reluisent avec éclat : une foi pure, une valeur héroïque, une prudence exquise, une expérience consommée en tout ce qui regarde la conduite d'une famille et même le métier de la guerre; quoiqu'une multitude innombrable de tout sexe, de tout âge et de toutes conditions, après avoir fait retentir l'air de leurs gémissements et de leurs plaintes, l'aient proclamée la Mère de la patrie et la Protectrice des malheureux, toutes ces louanges n'égalent point celle d'avoir été maîtresse des ressentiments de vengeance. Je n'ai pas dû omettre cette observation, afin de prouver que son génie belliqueux était bien réglé, et que l'exercice des armes, qui lui a fait mériter le titre d'Amazone, lui a aussi justement acquis le titre d'*Amazone Chrétienne*.

La force de son esprit, animé de la grâce, et l'éminence de sa vertu ont singulièrement éclaté dans le pardon qu'elle accordait volontiers à tous ceux qui la persécutaient. La victoire est d'autant plus grande que les ennemis vaincus sont plus puissants. On ne doit honorer du triomphe que ceux qui le méritent par la déroute d'une grande armée, ou par la prise d'une forteresse de conséquence. Or nous n'avons point d'ennemis plus fâcheux ni plus rebelles que nous-mêmes. Madame de Saint Balmon a triomphé de cette manière, lorsqu'elle embrassait avec charité les personnes qui l'avaient plus désobligée. Cette vertu, qui a été l'ornement de sa vie, ne s'est point relâchée en sa mort : ç'a été le sceau de toutes ses actions. Elle s'oubliait volontiers, pour n'avoir devant les yeux que l'avantage des autres, et même de ceux qui lui faisaient du mal, ou à ceux qui la touchaient.

Le Roi Très-Chrétien Louis XIII, pleinement informé du mérite de notre Amazone, admira ses rares qualités, et lui offrit toutes les faveurs qu'elle désirerait. « Je ne demande « rien à Votre Majesté, dit-elle, sinon la « grâce de mon mari, qui a extrêmement « failli d'avoir quitté le parti de la France, « auquel je me suis toujours attachée, et que « je n'abandonnerai jamais. »

Se rencontrant un jour, sous l'habit de son sexe, avec un Gentilhomme qui parlait mal de son mari, elle témoigna que ce discours lui était désagréable : le Gentilhomme continuant de blâmer le sieur de Saint-Balmon, qui était absent, l'Amazone, s'animant davantage à le défendre, fit connaître au médisant ce qu'elle était, et que si la raison ne l'emportait pas pour le faire taire, elle userait de la force pour la défense de son époux, et pour imposer silence à cet insolent, qui osait attaquer un brave Cavalier par des paroles injurieuses.

Elle montra la même générosité pour soutenir les intérêts d'un Gentilhomme de ses amis absent, dont un autre déchirait la réputation. Elle lui ferma la bouche lorsque, se manifestant, elle obligea le détracteur, par toutes les voies d'honneur et de conscience, de changer de discours. Il faut remarquer que, bien que, dans les occasions où ses paroles n'obtenaient pas ce qu'elle prétendait, elle se fît toujours obéir, c'était néanmoins toujours d'une manière aussi prudente que forte. Elle se conduisait avec tant de prudence, qu'en faisant poser, par sa valeur, les armes bas à ceux qui lui résistaient, elle conservait l'honneur des absents, en confondant les railleurs et les détracteurs, sans transgresser les lois divines et humaines. Sa générosité ne blessait jamais sa conscience.

J'ai donc bien voulu laisser l'histoire présente à la postérité avec cette conclusion, qui est de pratique, afin que la mémoire de notre Héroïne passe jusqu'à ceux qui viendront après nous, et qu'elle les attire à imiter ce qu'ils y trouveront d'imitable, et à remercier Dieu de ce qu'elle a si bien conjoint la piété avec l'exercice des armes. Le temps peut détruire les mausolées et les épitaphes des Héros ; mais il ne peut jamais effacer le souvenir de leurs grandes actions. J'espère que, comme la douleur publique contribua plus que tout le reste à rendre belle la pompe funèbre de Madame de Saint-Balmon, ainsi l'admiration universelle de la postérité rendra sa mémoire célèbre.

CHAPITRE LVIII.

Suite du sujet précédent.

La dévotion que l'Amazone a toujours témoignée envers la sainte Vierge, est, à mon avis, un exemple salutaire, sur lequel je me dois étendre, afin que la lecture de cette histoire soit plus utile. Ses combats et l'exercice des armes ne l'ont point tellement occupée, qu'elle n'ait beaucoup donné de temps à la piété, et particulièrement au service de la Reine des Anges.

Je considère sa vie en quatre différents états, et tous dignes de louanges. J'y remarque la même division qu'un ancien a trouvée dans la conduite des justes. Il dit qu'elle est morale, ou bien intellectuelle; héroïque, ou divine. Pour vivre moralement, il suffit d'avoir l'intégrité des mœurs d'une manière qui, ne faisant rien paraître au-dessous de la grâce commune, ne laisse pas de rendre nos âmes agréables à Dieu, et capables d'en obtenir la récompense éternelle, selon la mesure de cette grâce. La vertu intellectuelle monte plus haut : elle fait voir quelque chose de plus généreux, épurant tellement la personne qui s'y adonne, qu'elle en devient plus spirituelle et plus parfaite. L'héroïque enrichit encore là-dessus par des faits extraordinaires qui, sans être miraculeux, sont éclatants et rares. La conduite divine ajoute un nouveau lustre, par des actions qui tendent directement à la gloire de Dieu et à l'exécution de son bon plaisir.

L'Amazone Chrétienne se comportait justement en tout ce qu'elle entreprenait : elle rectifiait si bien ses exploits guerriers, qu'on n'y pouvait rien trouver d'injuste : les règles de la morale y étaient observées, la charité en étant le premier mobile. Sa vie était intellectuelle, par l'application de son esprit aux pensées de l'éternité : elle était héroïque, par cette magnanimité qui lui ôtait tout le faible de son sexe : bref, elle était divine par les pratiques de la dévotion, qu'elle embrassait avec ferveur, et dont on a vu des preuves évidentes dans la fréquentation des Sacrements, dans le soin qu'elle prenait d'honorer l'Église et les Ecclésiastiques, dans ses libéralités envers les pauvres.

Cette élévation divine a paru singulièrement dans son zèle à l'endroit de la Mère de Dieu. Cela est manifeste à l'égard de Notre-Dame de Benoîtevaux. Cet exemple doit allumer de vives flammes dans le cœur des Lecteurs : de vrai, nous devons, à son imitation, nous adresser avec confiance à la sainte Vierge Marie, afin d'obtenir de Dieu, par son entremise, l'heureux succès de nos bons desseins, et le soulagement de nos peines.

J'estimerais l'histoire présente profitable, si les Lecteurs en concevaient de l'affection au service de la sainte Vierge, et si, comme l'Amazone Chrétienne, ils s'adonnaient aux pratiques approuvées de l'Église, pour honorer la Reine des Anges, telles que sont les vœux, les Pèlerinages, et les autres devoirs de piété.

Le zèle de Madame de Saint-Balmon a principalement éclaté dans les travaux qu'elle a soufferts pour conserver l'Image de Notre-Dame de Benoîtevaux, et dans les dévots Pèlerinages qu'elle faisait quelquefois dans l'Église où elle est vénérée ; j'ai donc cru être obligé d'insérer ici de quelle manière elle occupait son esprit dans ces rencontres.

La plus grande gloire de Dieu, l'honneur de sa Sainte Mère, la perfection et le salut de son âme, étaient l'unique fin de ses Pèlerinages : elle ne demandait la délivrance de ses afflictions et de ses douleurs, qu'à condition que telle fût la volonté de Dieu, qu'elle priait en même temps de lui donner la patience, au cas qu'il ne voulût point la délivrer de ses maux.

Avant que de se mettre en chemin, elle recevait les Sacrements de Pénitence et d'Eucharistie, ou bien dès qu'elle était arrivée dans la Chapelle. Si elle obtenait ses demandes, elle en témoignait sa reconnaissance, non-seulement par ses paroles, mais encore par les sentiments de son cœur, et par le bon usage des faveurs qui lui étaient accordées. Si elle n'obtenait pas d'abord ce qu'elle prétendait, elle ne se décourageait point, elle réitérait humblement sa prière ; et, si enfin sa prière n'était pas exaucée, elle demeurait satisfaite, par sa résignation au bon plaisir de Dieu.

Le silence et la méditation étaient les entretiens de notre Amazone, sur les chemins. Tantôt elle contemplait Jésus-Christ sortant de Nazareth pour aller vers le fleuve du Jourdain, et y recevoir le Baptême par les mains de son Précurseur saint Jean-Baptiste : cet acte d'humilité la touchait vivement. Une autre fois le voyage du Sauveur, passant du Jourdain au désert, lui apprenait à imiter la mortification de Notre-Seigneur, qui voulait jeûner quarante jours et quarante nuits dans cette solitude.

Les trois années de la course de Jésus-Christ dans les Bourgs et les Villes, où il désirait d'annoncer le Royaume de son Père ; ces trois années d'une course si laborieuse, représentaient à notre Alberte les peines et les soins du bon Pasteur à chercher la brebis égarée.

La ferveur que Jésus-Christ montre, lorsqu'il va, cinq jours devant sa Passion, en la Ville de Jérusalem avec ses disciples ; cette ferveur embrasait le cœur de notre Amazone, qui avait honte de se voir si lâche à suivre l'exemple du Fils de Dieu. Il entretenait alors ses Apôtres des tourments et des opprobres qui lui étaient préparés par les Juifs, et il ne s'en rebutait point : car les souffrances étaient ses délices, parce qu'il les envisageait comme les moyens de notre salut et les marques de son obéissance au commandement de son Père Céleste. L'Amazone inférait de là que, pour agréer à Dieu, il faut chérir la Croix.

Jésus, après l'institution de l'Eucharistie, alla au Jardin des Olives. La prévoyance des peines qu'il devait endurer pour nous, et celle de notre ingratitude, le réduisirent dans une tristesse extrême. Il ne laissa pas de s'écrier au Père Éternel, qui l'engageait dans ce rude combat : *Que votre volonté soit faite, et non la mienne.* Cette dévote pensée excitait l'Amazone à ne rien craindre, quand il serait question de travailler pour la gloire de Dieu et la consolation des pauvres.

Le Verbe incarné, chargé de liens, retourne du Jardin des Olives dans Jérusalem, en la compagnie de ses ennemis, qui le maltraitent et l'outragent. Sa patience ne se lasse point, et il nous enseigne la patience par son exemple. Les bourreaux le mènent par les rues de Jérusalem, de tribunal en tribunal. C'est un agneau parmi des loups dévorants et insatiables.

Jésus-Christ porte sur le Calvaire une Croix longue, grosse et pesante, qui doit être l'instrument de son supplice, auquel il est condamné par une sentence très-injuste. Voilà bien des pas, et très-douloureux, dont la méditation adoucissait les travaux des Pèlerinages de l'Amazone, et allégeait toutes les peines de sa vie mortelle.

Dans ces occasions, les démarches de la sainte Vierge lui donnaient aussi quelquefois d'excellentes pensées. L'Ange ayant averti Joseph du cruel dessein d'Hérode, qui machinait la mort de Jésus-Christ, et l'excitant à s'enfuir promptement, voilà aussitôt la divine Marie en chemin, pour faire le trajet de la Palestine en Égypte. On ne peut pas se figurer un voyage plus rude, ni plus fâcheux. Le retour d'Égypte à Nazareth n'est pas moins pénible : le passage de Nazareth au Temple de Jérusalem a pareillement ses difficultés.

Toutes ces agitations n'égalent point celles

que ressentit son cœur maternel, lorsqu'elle accompagna son adorable Fils portant sa Croix sur le Calvaire, et lorsqu'elle persista constamment au pied de la Croix, pour assister à sa mort.

C'étaient les pensées de Barbe d'Ernecourt et de ses gens, quand elle les menait à Benoîtevaux, et dans les fâcheuses rencontres de sa vie, qu'elle a toujours souffertes en pieuse et véritable chrétienne. Elle a beaucoup agi, mais elle a beaucoup plus pâti. Ses souffrances n'ont pas été moins généreuses, ni moins triomphantes que ses actions, parce que dans les unes et les autres elle n'envisageait que les ordres de la Providence de Dieu.

FIN.

ÉCLAIRCISSEMENTS

ET PIÈCES JUSTIFICATIVES

Dans la Notice Bibliographique, page XIV, ligne 3. « L'Imagerie propageait ses traits, etc. »

Il nous a été impossible de découvrir aucune de ces compositions naïves, gravées sur bois, et destinées au peuple, lesquelles représentaient l'Amazone en divers exercices de piété ou occupations guerrières. Mais on trouve, à la Bibliothèque du Roi, trois portraits de Madame de Saint-Balmon gravés en taille-douce, et qui nous paraissent également ressemblants. Le plus ancien, ovale sur in-8°, porte cette indication : *Albertina Barbara Dernecourt-Frawvon-Saint-Balmon.* AUBRY *sculp.* — Pierre Aubry, graveur à Strasbourg, est né en 1576.

Le portrait de l'Héroïne à cheval a été peint à l'huile par Durué, et ce beau tableau se trouve aujourd'hui chez M. le comte de Riocour, dans le château d'Aulnois, qui a été bâti par les ancêtres de Madame de Saint-Balmon. C'est d'après cet original que le célèbre graveur Balthazar Moncornet a reproduit les traits de l'illustre Lorraine. L'estampe était devenue rare, mais on en remarquera un fac-simile très-fidèle en tête de notre volume.

Ibid..... l. 6. « Son nom..... était légendaire. »

La gravure de Moncornet, publiée en 1645, était accompagnée de l'éloge suivant, qui, de prime abord, semble être celui d'un personnage ne vivant déjà plus qu'au *Temple de Mémoire,* bien que Madame de Saint-Balmon ne fût alors âgée que de 36 ans.

Le vray Portrait de la pieuse et généreuse Amazone de nostre siecle Madame de Sainct Balmont, etc. Admirable pour sa valeur, force, courage, conduite et adresse dans les exercices des armes et de la guerre, et pour beaucoup de combats et de victoires par elle remportées sur les ennemis de l'Etat : mais bien plus recommandable pour sa bonne vie, et pour les belles actions de piété, dévotion, charité, libéralité et autres vertus chrestiennes qu'elle exerce, pratique et fait pratiquer journellement chez elle, tant envers Dieu que le prochain : comme aussi pour le grand soin qu'elle prend de nourrir, instruire et conduire ses domestiques et subjects en la crainte, amour et service de Dieu et de la Très-Saincte Vierge, sa bonne Patrone, et sa chère Maistresse.

Dans *le Cercle des femmes savantes,* dialogue en vers, par Jean de La Forge, Paris, 1663, Madame de Saint-Balmon est désignée sous le nom de *La fière Toxaris.* L'auteur en parle ainsi dans la *Clef.*

Je me souviens d'avoir lu autrefois une pièce de théâtre de sa façon, et d'avoir ouï parler fort avantageusement de son courage et de son esprit.

Page XXVIII, ligne 5. « Jamet, barbouilleur à la main, etc. »

Il a formé un recueil de 57 volumes, tous composés de pièces et d'opuscules relatifs aux femmes. Là, on trouve, péniblement et lourdement exprimé, en notes manuscrites, tout ce que la corruption et l'impiété peuvent inspirer à un esprit médiocre.

Page XXXVIII, ligne 19. « Ce savant religieux y fait l'éloge du Père Jean-Marie. »

Joannes Maria Vernonensis, Gallus, ex Tertiariis Regularibus

Provinciæ S. Ivonis, Vir qui ad Sacram Theologiam Historiæ, tum ecclesiasticæ, tum profanæ cognitionem adjunxit, plura posteris reliquit, et laude digna.

(P. Jean de Saint-Antoine, *Bibliotheca universa franciscana*, Matriti, 1732-33, 3 vol. in-folio, tom. II, p. 185.)

Page XXXIX, ligne 24. « L'opuscule même du Père Desbillons a tout à fait disparu. »

Il a été réimprimé dans l'almanach de Bar, année 1863.

Page XLIII, ligne 13. « Notre auteur avait fait une étude approfondie de la grammaire latine, et aussi, comme on le verra bien, de la française. »

Le Père Jean-Marie de Vernon est l'auteur ingénieux d'un livre de philologie devenu fort rare, intitulé :

Le Divertissement des Sages dans l'explication d'un grand nombre de proverbes et de façons de parler triviales et proverbiales, etc. *A Paris, chez Georges Josse*, 1665, gros volume in-8., dédié au chancelier Séguier.

Cet ouvrage « est beaucoup moins connu, dit l'abbé « Goujet, que le petit traité de M. de Brieux, et peut-« être presque personne ne s'est-il avisé d'y chercher « l'origine de nos vieux proverbes français. C'est cepen-« dant l'objet principal de ce livre.... Il a beaucoup de « réflexions justes et sensées. » (*Biblioth. franç.*, tom. I, p. 276-277.) »

Titre de l'ouvrage, page 1. « *L'Amazone chrétienne, ou les Aventures de Madame de Saint-Balmon.* »

Nous venons de voir la signature de Madame de Saint-Balmon telle que son nom est orthographié dans notre volume. Cette signature est apposée au bas d'un acte notarié par lequel la noble dame accorde à Estienne Maynet de Courouvre, la permission d'épouser Claude Fremy, fille de son meunier du moulin à vent de Neuville. L'original existe dans le *Trésor des Chartes* de M. l'abbé

Clouet, à Verdun. C'est M. Dumont, le savant auteur de l'*Histoire des Monastères de l'Etanche et de Benoîte-Vaux*, qui nous a découvert ce document.

Page 6, ligne 18. « Une de ses tantes du côté paternel, nommée Barbe d'Ernecourt. »

Est-ce la même qui avait été mariée à Henri d'Hardoncourt ?

Anne de Pas, sœur du marquis de Feuquières, avait été mariée à Daniel d'Hardoncourt, dont elle eut Henri d'Hardoncourt. Celui-ci épousa Claude-Barbe d'Ernecourt, et en eut une fille unique, qui fut mariée au comte de Nançay, de la Maison de la Châtre. (*Lettres et négociations du marquis de Feuquières, publ. par l'abbé Pérau.* Paris, 1753, 3 vol. in-12, tom. I. p. CXCVII, dans la *Vie de Feuquières*, à la note.)

Page 9, ligne 14. « Alberte-Barbe d'Ernecourt, âgée de quatorze ou quinze ans, épousa celui qui agréait à son père. »

Elle avait alors dix-sept ans, puisqu'elle était née en 1607.

Ibid. Ligne 16. « Il s'appelait Jean-Jacques de Haraucourt. »

Les d'Haraucourt appartenaient à l'une des quatre principales Maisons de l'ancienne chevalerie de Lorraine, connue sous le nom de *Grands-Chevaux*. Le dernier rejeton de cette famille illustre a été Charles-Elysée-Joseph, marquis de Haraucourt, capitaine des gardes du corps du duc Charles IV. Il est mort le 21 août 1715.

Page 11, ligne 1. « Messire Louis des Armoises. »

Louis des Armoises eut quatre enfants : 1° Pierre-Louis-Joseph, damoiseau de Commercy (Château-Bas) après son père ; 2° Jean-Albert, chevalier, comte de Saint-Balmon ; 3° Jean-François-Paul, seigneur de Marcossey ; 4° Catherine-Françoise-Gertrude, qui épousa le chevalier de Raigecourt.

La famille de Raigecourt subsiste encore; elle représente la postérité de Madame de Saint-Balmon et des seigneurs de Commercy.

Page 25, ligne 19. « Elle alla à Bouxières. »

L'abbaye de Bouxières a été fondée vers 936 par saint Gauzelin, évêque de Toul. Cette fondation paraît avoir été accompagnée de circonstances extraordinaires. Elle fut confiée d'abord à des Bénédictines. Plus tard, elle appartint à des Chanoinesses, qui, avant d'y entrer, devaient justifier de seize quartiers de noblesse militaire, remontant au moins à deux cents années, sans trace d'anoblissement, de dérogeance ou de mésaillance.

(*Communes de la Meurthe*, par Henri Lepage, article *Bouxières aux Dames.*)

Page 97, ligne 7. « Depuis ce généreux exploit de sa ferveur envers l'image de Notre-Dame de Benoîtevaux, la dévotion des peuples, de vingt lieues à la ronde, s'est échauffée plus que jamais. »

Cela est confirmé par tous les documents qui se rapportent à cette date de l'histoire de Benoîtevaux. On peut consulter, là-dessus, le R. P. Chevreux et M. Dumont, auteurs de deux remarquables ouvrages relatifs à ce sanctuaire.

Rien de plus simple et de moins étonnant, dit le P. Chevreux, que cet heureux retour; ce n'était, après tout, qu'une restitution, c'est-à-dire un acte de justice. Et cependant voilà qu'à peine rendue aux lieux qui l'avaient vue à la fois si grande et si insultée, cette sainte Image de Notre-Dame excite dans toute la Lorraine un enthousiasme et un ébranlement universel.....

Dès le premier moment, ce sont d'abord quatre-vingt paroisses qui se lèvent, et qui, en moins de deux mois, arrivent à Benoîtevaux en procession. Nulle voix ne les a appelées, nul commandement ne s'est fait entendre. . . . .

. . Dix-sept miracles éclatèrent à leurs yeux. . . . .

. . . Dès le mois de juin, jusqu'au 30 novembre 1641, cent sept paroisses accoururent à Benoîtevaux. . . . .

(*Notre-Dame de Benoîtevaux,* Verdun, 1853, in-18, p. 95, 96, 98, *passim.*)

Page 181, ligne 6. « On ne différa point de le pendre. »

Le roi, pour purger le pays de ces voleurs, commanda à l'Intendant de justice qu'il avait établi en Lorraine, qu'il en fît pendre ou rouer autant qu'on en pourrait attraper.... Plusieurs de leurs chefs ont eu ce malheureux sort.

(*Mémoires* de Beauvau, Cologne 1690, in-12, p. 55-69.)

Page 244, ligne 12. « Ils furent tous prisonniers. »

Après ce beau fait d'armes, dit le P. Chevreux, nous la voyons encore reparaître à Benoîtevaux...

Dès la seconde fête de Pâques de l'année suivante 1644, le Curé de Neuville menant ses paroissiens à Notre-Dame de Benoîtevaux, elle se joignit à la procession, et fit pieds nus tout le chemin, qui est d'une bonne lieue. (Page 92.)

Page 277, ligne 5. « Ses os reposent avec ceux de son mari, dans l'église paroissiale de Neuville-en-Verdunois. »

Un fait curieux, qui se passa dans le XVIIIe siècle, au château de Neuville, est rapporté par M. E. d'Huart, rédacteur de la *Revue d'Austrasie*. Il en devait la communication à M. Marchal de Corny, dont la trisaïeule, Madame Le Chartreux, avait acquis la terre de Neuville de la Maison des Armoises :

Madame Le Chartreux fut informée, le 25 février 1756, qu'un des souterrains de son château de Neuville recélait le trésor de la bande du fameux Mandrin, roué vif à Valence, le 26 mai 1755. On n'ajouta d'abord aucune confiance à cette révélation, partie d'un des complices du supplicié. Comment admettre que des malfaiteurs du Dauphiné eussent déposé les fruits de leurs vols dans le Verdunois, et sous les voûtes de l'ancienne demeure de la haute-justicière des robbeurs et des pillards! Cependant une nouvelle lettre survint, renfermant des détails précis, et offrant, en échange d'une commutation de peine, des monceaux d'or et de pierreries. La commutation fut accordée conditionnellement, et l'on procéda à la recherche du trésor, sous la direction du bandit. Au pied d'un escalier pratiqué dans une tour écartée, il

fit lever une trappe habilement cachée. Elle donnait entrée dans un souterrain, où l'on trouva plusieurs coffres-forts. On se précipite sur les serrures; on les brise à coups de marteau. Qu'on juge du désappointement de tous. . . . .
. . . les coffres-forts étaient vides! Le secret avait été connu et exploité par des confrères, que la justice n'avait pu atteindre. On fit maintes recherches; elles furent vaines, et le bandit alla reprendre ses chaînes.

(*Revue d'Austrasie.* Metz, 1842, 3e série, tom. I, p. 51.)

Page 293, ligne 20 et suiv. « Je diray seulement qu'ils nous firent des honneurs et des remerciemens que j'avois honte de recevoir, pour le peu de service que je croyois avoir fait. Ils ont composé un livre, etc. »

C'est un volume in-12, imprimé à Verdun en 1644. Les religieux de Benoîtevaux y décrivent la même cérémonie, mais sans omettre *les honneurs et les remerciemens* que l'humble héroïne *avait honte de recevoir.* Complétant sa naïve relation, ils nous apprennent que cent mousquetaires accompagnaient tambour battant; que le carrosse était attelé de quatre chevaux blancs; que des cavaliers venaient ensuite; qu'à l'arrivée, ils furent reçus par six Religieux, dont plusieurs visiteurs de l'Ordre, portant chacun un cierge; qu'après une décharge par les mousquetaires, un des Pères visiteurs fit un sermon de remerciement à Madame et à toute l'assistance qui était si nombreuse, que le vallon en était plein jusqu'à rebrousser dans la campagne.

La précieuse statue est ainsi décrite par les moines :

« . . . Elle tient son fils sur le bras gauche, lequel, de « sa main droite qu'il tend sur le sein de sa mère, empoigne un « cordon qui ferme le manteau dont elle est affublée, icelle te- « nant en sa main droite une pomme d'or qu'elle montre et pré- « sente à son fils ayant le corps un peu courbé du côté droit, « poussant et jeté du côté gauche, et la tête tant soit peu tourné « vers son fils.

« Elle est en pierre et a de hauteur deux pieds trois quarts.

« Sur son chef elle porte une couronne ducale dorée; sa robe est « rouge, avec une ceinture dorée; son manteau bleu, doublé « d'hermine, parsemé de fleurettes dorées, bordé de même. Le « visage blanchâtre, mais au reste plein de douceur et fort at- « trayant.

« L'enfant tient une fleur en sa main gauche; il a la tête « nue, le corps couvert d'une robe verte; son manteau est « blanc. »

M. Dumont, dans *l'Histoire des Monastère de l'Etanche et de Benoîte-Vaux*, reproduit l'image qui se vendait aux pèlerins, et qui était une représentation exacte de la statue.

Dans le même volume, se trouve le récit de la translation de cette statue à Neuville, écrit par Madame de Saint Balmon. Mais on voit que ce n'est point une copie fidèle de l'original, comme celle qu'en a donnée le Père Jean-Marie. Le texte, là, est arrangé, et il y a de nombreuses omissions.

NOTICE GÉNÉALOGIQUE.

ALBERTE-BARBE D'ERNECOURT était fille de Simon d'Ernecourt, Seigneur de Neufville en Verdunois et de Gibomey, et de Marguerite Housse.

SIMON D'ERNECOURT était fils de Simon d'Ernecourt, Seigneur de Remicourt et de Neufville en Verdunois, Gentilhomme de la Maison de Charles II et d'Henri, Ducs de Lorraine, 1564 et 1612, l'un des cent gentilshommes de la Maison du Roy et Gouverneur de Vaucouleurs, 1580, et de Barbe de Burges.

MARGUERITE DE HOUSSE était fille de Nicolas de Housse, Seigneur de Watronville, et d'Yolande des Armoises.

On arrive par ces alliances aux huit quartiers de Alberte-Barbe d'Ernecourt, qui sont : d'Ernecourt, de Fleury, de Burges, de Trèves, de Housse, de Watronville, des Armoises, Cauchon.

ALBERTE-BARBE D'ERNECOURT, était l'épouse de Jean-Jacques de Haraucourt, Seigneur de Saint-Baslemont, fils de Jacob de Haraucourt, Seigneur de Bayon, Grand Gruyer de Lorraine, et de Elizabeth de Reynach.

JACOB DE HARAUCOURT, était fils de Jean de Haraucourt, Seigneur de Magnières et de Bayon, et de Louise de Lutzbourg.

ELISABETH DE REYNACH, était fille de Claude de Reynach, Seigneur de Saint-Baslemont, Bailly de Voges, Sénéchal de Barois, et de Marie de Beauvau ; ce qui donne pour quartiers à Jean-Jacques de Haraucourt : de Haraucourt de Bessey, de Lutzbourg, de Lucy de Reynach, de Walhey, de Beauvau du Fay.

(Nous devons cette note à l'obligeance de M. le vicomte David de Riocour).

TABLE DES CHAPITRES

CONTENUS AU

LIVRE DE L'AMAZONE CHRÉTIENNE.

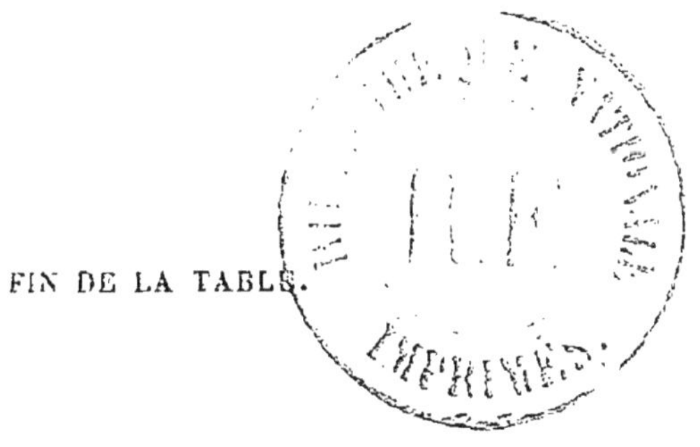

FIN DE LA TABLE.

Paris. — E. de Soye et Fils, imp., pl. du Panthéon, 5.

www.ingramcontent.com/pod-product-compliance
Ingram Content Group UK Ltd.
Pitfield, Milton Keynes, MK11 3LW, UK
UKHW012151240726
13966UKWH00002B/256

9 782011 783288